ウェブマスター検定

検定 **4級**

WEBMASTER CERTIFICATE

公式問題集
2024・2025年版

一般社団法人 全日本SEO協会 編

JN075958

C&R研究所

■本書の内容について

● 本書は編集者が実際に操作した結果を慎重に検討し、著述・編集しています。ただし、本書の記述内容に関わる運用結果にまつわるあらゆる損害・障害につきましては、責任を負いませんのであらかじめご了承ください。

● 本書の内容についてのお問い合わせについて

　この度はC&R研究所の書籍をお買い上げいただきましてありがとうございます。本書の内容に関するお問い合わせは、「書名」「該当するページ番号」「返信先」を必ず明記の上、C&R研究所のホームページ(https://www.c-r.com/)の右上の「お問い合わせ」をクリックし、専用フォームからお送りいただくか、FAXまたは郵送で次の宛先までお送りください。お電話でのお問い合わせや本書の内容とは直接的に関係のない事柄に関するご質問にはお答えできませんので、あらかじめご了承ください。

〒950-3122 新潟県新潟市北区西名目所4083-6　株式会社 C&R研究所　編集部
FAX 025-258-2801
「ウェブマスター検定 公式問題集 4級 2024・2025年版」サポート係

はじめに

　ワールドワイドウェブは誕生当初、一部の研究者や趣味人が使っていた小規模なネットワークに過ぎませんでした。

　しかし、誰もが自由に低コストで参加できるオープン性の魅力とその将来性に取り憑かれた人々により地球規模の巨大な情報ネットワークへと成長しました。その影響力は今日、新聞・テレビ・雑誌などのマスメディアと同じかそれ以上になり、人々の生活になくてはならないものになりました。

　この技術を活用して人々の生活を豊かにした企業が世界中で次々と誕生し、多くの成功物語が生まれました。国内でもウェブを使い集客したことにより、都会から離れた場所にある企業が全国に世界に向けて商品を売り、立地条件の悪い店舗が繁盛店になったという事例が続々と生まれました。

　しかし、ウェブを活用した集客に成功している企業はまだまだごく一部の企業だけでしかありません。その原因はウェブを使った集客をするための知識、技術が広く普及していないからだということ明らかです。ウェブを使った集客技術の情報はあふれかえるほど存在していますが、あまりにも情報が多いためその技術を習得するために何をどこから学べばよいのかがわかりにくい状況にあります。

　ウェブマスター検定4級の目的はこうした状況を打開することです。公式テキストではこれから企業のウェブ担当者として活躍するために、次のようなウェブを使った集客技術をゼロから学ぶために必要な知識を体系立てて解説しています。

- ウェブがどのように生まれ、発展してきたのか？
- ウェブをどのように使えば企業の集客に使えるのか？
- ウェブサイトの仕組み
- ウェブページはどういう考えを持って作れば集客効果が生まれるのか？
- ウェブサイトを作るツールの種類
- ウェブサイトを公開するまでの流れ

　これらの知識をあらゆる層の人たちに身に付けてもらうために本書では100問の問題を掲載し、その解答と解説を提供しています。そして検定試験の合格率を高めるために本番試験の仕様と同じ80問にわたる模擬試験問題とその解答、解説を掲載しています。

　読者の皆さまが本書を活用して4級の試験に合格し、企業のウェブ集客を成功に導くウェブマスターになり、社会の発展に貢献することを願っています。

2023年9月

一般社団法人全日本SEO協会

■本書の使い方 ···

●チェック欄
自分の解答を記入したり、問題を解いた回数をチェックする欄です。合格に必要な知識を身に付けるには、複数回、繰り返し行うと効果的です。適度な間隔を空けて、3回程度を目標にして解いてみましょう。

●問題文
公式テキストに対応した問題が出題されています。左ページの問題と右ページの正解は見開き対照になっています。

WEBMASTER CERTIFICATION TEST 4th GRADE

第1問

Q インターネットの前身となったネットワークは何を初めて運用したネットワークとして知られているか？　最も適切な語句をABCDの中から1つ選びなさい。

A：光ファイバー通信によるコンピュータネットワーク
B：パケット通信によるコンピュータネットワーク
C：アナログ通信によるコンピュータネットワーク
D：衛星通信によるコンピュータネットワーク

第2問

Q インターネットプロトコル（IP）技術を利用して生まれた主要なコンピュータネットワークは次の中のどれか？　最も適切なものをABCDの中から1つ選びなさい。

A：Telnet、SMTC、FTP、IRO、NNTP、HTTP
B：Telnet、SMTP、FTP、IRC、NNTP、HTTP
C：Telnet、SMTP、FTP、IRC、NMTP、HTTP
D：Telnet、SMTP、FTC、IRC、NNTP、HTTPS

　本書は、反復学習を容易にする一問一答形式になっています。左ページには、ウェブマスター検定4級の公式テキストに対応した問題が出題されています。解答はすべて四択形式で、右ページにはその解答と解説を記載しています。学習時には右ページを隠しながら、左ページの問題を解いていくことができます。

　解説欄では、解答だけでなく、解説も併記しているので、単に問題の正答を得るだけでなく、解説を読むことで合格に必要な知識を身に付けることもできます。

　また、巻末には本番試験の仕様と同じ80問にわたる模擬試験問題とその解答、解説を掲載しています。白紙の解答用紙も掲載していますので、試験直前の実力試しにお使いください。

●章タイトル
分野ごとに章分けしています。

第1章　ウェブの誕生と発展

正解　B：パケット通信によるコンピュータネットワーク

●正解
本問の答えです。

　インターネットの歴史はその前身であるARPANETの誕生からスタートしました。ARPANETは、1960年代に開発された、世界で初めて運用されたパケット通信によるコンピュータネットワークです。最初は米国の4つの大学の大型コンピュータを相互に接続するという小規模なネットワークでしたが、その後、世界中のさまざまな大学などの研究機関が運用するコンピュータがそのネットワークに接続するようになり、情報の交換が活発化しました。その後、1970年代にTCP/IPという情報交換のための通信プロトコル（インターネット上の機器同士が通信をするための通信規約（ルール）のこと）が考案され、インターネットと呼ばれるようになりました。

●解説
正解を導くための
解説部分です。

正解　B：Telnet、SMTP、FTP、IRC、NNTP、HTTP

　インターネットという言葉の意味は、インターネットプロトコル（IP）技術を利用してコンピュータを相互に接続したネットワークのことです。ウェブという言葉はインターネットと同じ意味で用いられることが多いですが、実はインターネットの1つの形態にしか過ぎません。

　1970年代から1980年代にかけて考案されたインターネットプロトコル（IP）技術を利用して生まれた主要なコンピュータネットワークには、Telnet、SMTP、FTP、IRC、NNTP、HTTPがあります。

ウェブマスター検定4級　試験概要

▐▌ 運営管理者

《出題問題監修委員》　　　東京理科大学工学部情報工学科　教授　古川利博

《出題問題作成委員》　　　一般社団法人全日本SEO協会　代表理事　鈴木将司

《特許・人工知能研究委員》　一般社団法人全日本SEO協会　特別研究員　郡司武

《モバイル技術研究委員》　アロマネット株式会社 代表取締役　中村 義和

《構造化データ研究委員》　一般社団法人全日本SEO協会　特別研究員　大谷将大

《システム開発研究委員》　エムディーピー株式会社　代表取締役　和栗 実

《DXブランディング研究委員》DXブランディングデザイナー　春山瑞恵

《法務研究委員》　　　　　吉田泰郎法律事務所　弁護士　吉田泰郎

▐▌ 受験資格

学歴、職歴、年齢、国籍等に制限はありません。

▐▌ 出題範囲

『ウェブマスター検定 公式テキスト 4級』の第1章から第8章までの全ページ

- 公式テキスト

    URL https://www.ajsa.or.jp/kentei/webmaster/4/textbook.html

▐▌ 合格基準

得点率80%以上

- 過去の合格率について

    URL https://www.ajsa.or.jp/kentei/webmaster/goukakuritu.html

▐▌ 出題形式

選択式問題　80問

試験時間　60分

▐▌ 試験形態

所定の試験会場での受験となります。

- 試験会場と試験日程についての詳細

    URL https://www.ajsa.or.jp/kentei/webmaster/4/schedule.html

▌▌▌受験料金

5,000円（税別）/1回（再受験の場合は同一受験料金がかかります）

▌▌▌試験日程と試験会場

- 試験会場と試験日程についての詳細
    - URL https://www.ajsa.or.jp/kentei/webmaster/4/schedule.html

▌▌▌受験票について

受験票の送付はございません。お申し込み番号が受験番号になります。

▌▌▌受験者様へのお願い

試験当日、会場受付にてご本人様確認を行います。身分証明書をお持ちください。

▌▌▌合否結果発表

合否通知は試験日より14日以内に郵送により発送します。

▌▌▌認定証

認定証発行料金無料（発行費用および送料無料）

▌▌▌認定ロゴ

合格後はご自由に認定ロゴを名刺や印刷物、ウェブサイトなどに掲載できます。認定ロゴは
ウェブサイトからダウンロード可能です（PDFファイル、イラストレータ形式にてダウンロード）。

▌▌▌認定ページの作成と公開

希望者は全日本SEO協会公式サイト内に合格証明ページを作成の上、公開できます（プロ
フィールと写真、またはプロフィールのみ）。

- 実際の合格証明ページ
    - URL https://www.zennihon-seo.org/associate/

目次 ··· CONTENTS

第 1 章

ウェブの誕生と発展

第1問

 Q インターネットの前身となったネットワークは何を初めて運用したネットワークとして知られているか? 最も適切な語句をABCDの中から1つ選びなさい。

A:光ファイバー通信によるコンピュータネットワーク

B:パケット通信によるコンピュータネットワーク

C:アナログ通信によるコンピュータネットワーク

D:衛星通信によるコンピュータネットワーク

第2問

 Q インターネットプロトコル(IP)技術を利用して生まれた主要なコンピュータネットワークは次の中のどれか? 最も適切なものをABCDの中から1つ選びなさい。

A:Telnet、SMTC、FTP、IRO、NNTP、HTTP

B:Telnet、SMTP、FTP、IRC、NNTP、HTTP

C:Telnet、SMTP、FTP、IRC、NMTP、HTTP

D:Telnet、SMTP、FTC、IRC、NNTP、HTTPS

正解 B：パケット通信によるコンピュータネットワーク

　　インターネットの歴史はその前身であるARPANETの誕生からスタートしました。ARPANETは、1960年代に開発された、世界で初めて運用されたパケット通信によるコンピュータネットワークです。最初は米国の4つの大学の大型コンピュータを相互に接続するという小規模なネットワークでしたが、その後、世界中のさまざまな大学などの研究機関が運用するコンピュータがそのネットワークに接続するようになり、情報の交換が活発化しました。その後、1970年代にTCP/IPという情報交換のための通信プロトコル（インターネット上の機器同士が通信をするための通信規約（ルール）のこと）が考案され、インターネットと呼ばれるようになりました。

正解 B：Telnet、SMTP、FTP、IRC、NNTP、HTTP

　　インターネットという言葉の意味は、インターネットプロトコル（IP）技術を利用してコンピュータを相互に接続したネットワークのことです。ウェブという言葉はインターネットと同じ意味で用いられることが多いですが、実はインターネットの1つの形態にしか過ぎません。

　　1970年代から1980年代にかけて考案されたインターネットプロトコル（IP）技術を利用して生まれた主要なコンピュータネットワークには、Telnet、SMTP、FTP、IRC、NNTP、HTTPがあります。

第3問

Q Telnetの発明がコンピュータの普及に貢献した理由は何か？　最も適切なものをABCDの中から1つ選びなさい。

A：Telnetによりパーソナルコンピューターの生産が容易になった。

B：Telnetによりコンピュータの価格が下がった。

C：Telnetにより誰もがコンピュータを利用できる環境が整った。

D：Telnetにより高速なインターネット接続が可能になった。

正解　C：Telnetにより誰もがコンピュータを利用できる環境が整った。

　TelnetとはTeletype networkの略でテルネットと発音します。Telnetは遠隔地にあるサーバーやネットワーク機器などを端末から操作する通信プロトコル（通信規約）です。これによりユーザーは遠方にある機器を取り扱おうとする際に、長距離の物理的な移動をしなくて済むようになりました。

　当時は、パーソナルコンピューターが普及しておらず、誰もがコンピュータを利用できる環境にいなかったため、Telnetの発明によりコンピュータを遠隔地から利用するユーザーが増えてコンピュータの普及に貢献することになりました。

●Telnetのイメージ図

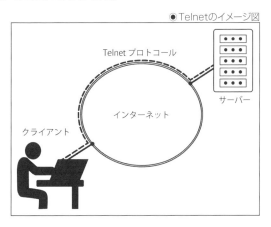

●Telnetの操作画面例

第4問

Q レンタルサーバーを少額のレンタル料金を払うことにより利用できるようにな
り、誰もが気軽にウェブサイトを公開できるという恩恵をもたらした技術は次
のうちどれか？　最も適切なものをABCDの中から1つ選びなさい。

A：NNTP

B：GMP

C：FTP

D：SMTP

正解　C：FTP

　FTPとはFile Transfer Protocol（ファイル転送プロトコル）の略
で、ネットワーク上のクライアント（パソコンなどの端末）とサーバー
（ネットワーク上で他のコンピュータに情報やサービスを提供するコ
ンピュータ）の間でファイル転送を行うための通信プロトコルです。
この技術を使うことによりウェブサイトの管理者は遠隔地にあるサー
バーに自由にファイルを転送しウェブサイトの更新ができるようになり
ました。

　この技術は後にウェブサイトが発明された際、自社の事業所内に
サーバーを設置しなくても、遠隔地にあるレンタルサーバーを少額の
レンタル料金を払うことにより利用できるようになり、誰もが気軽に
ウェブサイトを公開できるという恩恵をもたらしました。

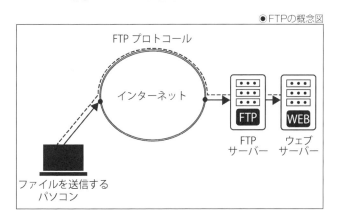

●FTPの概念図

Q NNTPとは何か？　最も正しい説明をABCDの中から1つ選びなさい。

A：NNTPとはNetnews Neuro Transfer Protocolの略で、ネットワーク上で記事の投稿や配信、閲覧などを行うための通信プロトコルの1つである。

B：NNTPとはNetwork News Transcript Protocolの略で、ネットワーク上で記事の投稿や編集、閲覧などを行うための通信プロトコルの1つである。

C：NNTPとはNetwork News Transfer Protocolの略で、ネットワーク上で記事の投稿や配信、閲覧などを行うための通信プロトコルの1つである。

D：NNTPとはNetnews Network Transfer Protocolの略で、ネットワーク上で記事の投稿や配信、閲覧などを行うための通信プロトコルの1つである。

正解　C：NNTPとはNetwork News Transfer Protocolの略で、ネット
ワーク上で記事の投稿や配信、閲覧などを行うための通信プロト
コルの1つである。

　NNTPとはNetwork News Transfer Protocol（ネットワーク
ニューストランスファープロトコル）の略で、ネットワーク上で記事の投
稿や配信、閲覧などを行うための通信プロトコルの1つです。NNTP
によって構築された記事の蓄積・配信システムをNetNews（ネット
ニュース）あるいはUsenet（ユーズネット）といいます。
　記事は電子メールのメッセージのように文字や画像などの添付ファ
イルから構成されるものでした。NetNewsはウェブが普及する以前
の1980年代後半から1990年代前半に活発に利用されました。当
時のインターネットの主な利用者であった大学や研究機関、企業の研
究所などに所属する人々の間で情報交換や議論などが行われました
が、電子掲示板やSNSなど、同様の機能を持つサービスやアプリケー
ションに次第に取って代わられました。しかし、このときの技術と経験
が活かされ、後のSNSへとその役割は引き継がれていきました。

●NNTPの概念図
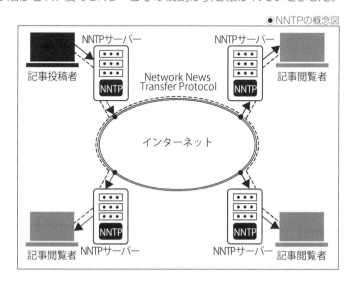

第6問

Q siteとは何かの説明について最も正しいものをABCDの中から1つ選びなさい。

A：siteとは英語で敷地、場所という意味で、企業や政府、団体、個人がウェブ上で情報発信を行うための情報拠点として使用されるものである。最初に公開されたウェブサイトは、TCP/IPを考案したティム・バーナーズ=リー博士によるもので1990年に公開された。

B：siteとは英語で営業場所という意味で、企業や政府、団体がウェブ上で情報発信を行うための情報拠点として使用されるものである。最初に公開されたウェブサイトは、ウェブを考案したティム・バーナーズ=リー博士によるもので1991年に公開された。

C：siteとは英語で敷地、場所という意味で、企業や政府、団体、個人がウェブ上で情報発信を行うための情報拠点として使用されるものである。最初に公開されたウェブサイトは、ウェブを考案したティム・バーナーズ=リー博士によるもので1991年に公開された。

D：siteとは英語で営業、場所という意味で、企業や政府、団体、個人がウェブ上で情報発信を行うための情報拠点として使用されるものである。最初に公開されたウェブサイトは、ウェブを考案したティム・パクスリー博士によるもので1980年に公開された。

正解　C：siteとは英語で敷地、場所という意味で、企業や政府、団体、個人
　　　がウェブ上で情報発信を行うための情報拠点として使用されるも
　　　のである。最初に公開されたウェブサイトは、ウェブを考案したティ
　　　ム・バーナーズ=リー博士によるもので1991年に公開された。

　ウェブサイトとは、ウェブ上に存在するウェブページの集合体の
ことです。ウェブページのファイルはHTML（HyperText Markup
Language）という言語で作成されます。ウェブサイトはウェブサー
バー上に設置されることによりクライアント側であるユーザーが閲覧
できるようになります。
　siteとは英語で敷地、場所という意味で、企業や政府、団体、個人
がウェブ上で情報発信を行うための情報拠点として使用されるもので
す。最初に公開されたウェブサイトは、ウェブを考案したティム・バー
ナーズ=リー博士によるもので1991年に公開されました。

第7問

 Q 次の文中の空欄[1]と[2]に入る最も適切な語句の組み合わせをABCD の中から1つ選びなさい。

 1回目

ウェブ誕生当時は、検索エンジンには2つの形があった。1つは人間が目で 1つひとつのウェブサイトを見て編集する[1]検索エンジンで、もう1つはソフト ウェアが自動的に情報を収集して編集する[2]の検索エンジンである。

2回目

 3回目

A：[1]ディレクトリ型 [2]カテゴリ型

B：[1]エディトリアル型 [2]ロボット型

C：[1]ディレクトリ型 [2]プラットフォーム型

D：[1]ディレクトリ型 [2]ロボット型

第8問

 Q ディレクトリ型検索エンジンのデメリットではないものはどれか？ ABCDの 中から1つ選びなさい。

 1回目

A：編集者が登録するウェブサイトを決定して説明文を記述するた め、編集者の主観や運営会社の編集方針によって掲載情報が左 右される。

2回目

B：ウェブページ単位ではなくウェブサイト単位で登録されるため、 実際に登録サイトに目的の情報が存在するにもかかわらず、キー ワード検索で見つからない場合がある。

 3回目

C：編集者がさまざまなサイトを登録しようとするため、登録される サイトに一貫性がなくユーザーから見て必ずしも登録されたほう がよいといえるサイトが少ない傾向にある。

D：ウェブサイト、ウェブページ数が急増している現在、人間の手に よってサイト情報を登録していくにはスピード上の限界があるた め情報量が少なくなってしまう。

正解 D：[1]ディレクトリ型　[2]ロボット型

　ウェブの発達とともにウェブサイトの数は爆発的に増えました。しかし、数が増えれば増えるほど、ユーザーが探している情報を持つウェブサイトを見つけることが困難になりました。こうした問題を解決するために数多くの検索エンジンが作られました。

　検索エンジンにはウェブ上で発見されたウェブサイトの情報が1つひとつ追加されていき、ユーザーはキーワードを入力することにより瞬時に検索することができるようになりました。

　ウェブ誕生当時は、検索エンジンには2つの形がありました。1つは人間が目で1つひとつのウェブサイトを見て編集するディレクトリ型検索エンジンで、もう1つはソフトウェアが自動的に情報を収集して編集するロボット型の検索エンジンです。

正解 C：編集者がさまざまなサイトを登録しようとするため、登録されるサイトに一貫性がなくユーザーから見て必ずしも登録されたほうがよいといえるサイトが少ない傾向にある。

　ディレクトリ型検索エンジンは人間がウェブサイトの名前、紹介文、URLをデータベースに記述してカテゴリ別に整理した検索エンジンです。情報を収集するのも、その内容を編集するのも、編集者という人間の手によるものでした。

　ディレクトリ型検索エンジンのデメリットは次の点です。

・ウェブページ単位ではなくウェブサイト単位で登録されるため、実際に登録サイトに目的の情報が存在するにもかかわらず、キーワード検索で見つからない場合がある。

・ウェブサイト、ウェブページ数が急増している現在、人間の手によってサイト情報を登録していくにはスピード上の限界があるため情報量が少なくなってしまう。

・編集者が登録するウェブサイトを決定して説明文を記述するため、編集者の主観や運営会社の編集方針によって掲載情報が左右される。

第9問

Q 次の文中の空欄[ ]に入る最も適切な語句をABCDの中から1つ選びなさい。

[ ]といわれるソフトウェアをインターネットに送り、[ ]がインターネット上のウェブサイトやウェブページの情報を収集する。[ ]とは、ウェブ上に存在するサイトを巡回してGoogleなどの検索エンジンの検索順位を決めるために必要な要素を収集するロボットプログラムのことである。

A：エクスプローラー

B：クローラー

C：アルゴリズム

D：スクレイパー

第10問

Q ロボット型検索エンジンのメリットではないものはどれか？ ABCDの中から1つ選びなさい。

A：ウェブサイト単位だけでなくウェブページ単位で登録するため、特定のキーワード検索にマッチしたウェブページが表示される。

B：定期的にクローラーがインターネットを巡回することで比較的新しいウェブページが登録されている。

C：常に複数のクローラーがインターネットを巡回し、自動的に情報を取得するため、大量のウェブサイト、ウェブページの情報がデータベースに登録されている。

D：SMTPのプロトコルでクロールするため、人的に管理する検索エンジンと比べると情報を取得するスピードが速い

正解　B：クローラー

　　ロボット型検索エンジンは、クローラーといわれるソフトウェアを
インターネットに送り、クローラーがインターネット上のウェブサイト
やウェブページの情報を収集します。「クローラー」(crawler)とは、
ウェブ上に存在するサイトを巡回してGoogleなどの検索エンジンの
検索順位を決めるために必要な要素を収集するロボットプログラムの
ことです。そしてそれらの情報を検索エンジンのデータベースに登録
します。

正解　D：SMTPのプロトコルでクロールするため、人的に管理する検索エ
　　　　　ンジンと比べると情報を取得するスピードが速い

　　ロボット型検索エンジンのメリットは次の点です。

・ウェブサイト単位だけでなくウェブページ単位で登録するため、特定
　のキーワード検索にマッチしたウェブページが表示される。

・定期的にクローラーがインターネットを巡回することで比較的新しい
　ウェブページが登録されている。

・常に複数のクローラーがインターネットを巡回し、自動的に情報を取
　得するため、大量のウェブサイト、ウェブページの情報がデータベー
　スに登録されている。

第11問

Q 次の文中の空欄[1]、[2]、[3]に入る最も適切な語句の組み合わせを ABCDの中から1つ選びなさい。

1回目

最初のポータルサイトは[1]カテゴリの情報を取り扱う[2]ポータルサイト だった。それらはキーワード検索ができる[3]検索エンジンと、編集者が

2回目

管理するウェブサイトのディレクトリ、新聞社などのマスメディアが発信する ニュース記事の転載、無料のメールなどで構成されていた。

3回目

A：[1]総合的な [2]総合 [3]ロボット

B：[1]特化型の [2]専門的な [3]ウェブ

C：[1]専門的な [2]専門性が高い [3]ロボット

D：[1]網羅的な [2]総合 [3]ウェブ

第12問

Q 次の文中の空欄[1]と[2]に入る最も適切な語句の組み合わせをABCD の中から1つ選びなさい。

1回目

Googleなどの総合的な情報を取り扱う検索サイトは[1]と呼ぶ一方、特定 のカテゴリを細かく条件付けした検索をすることを[2]と呼ぶ。

2回目

A：[1]総合検索 [2]専門検索

3回目

B：[1]水平検索 [2]専門検索

C：[1]水平検索 [2]垂直検索

D：[1]垂直検索 [2]条件検索

正解　D：[1]網羅的な　[2]総合　[3]ウェブ

　ポータルとはもともと門や入り口を表し、特に大きな建物の門という意味です。このことから、ウェブにアクセスするときの入り口となる玄関口となるウェブサイトを意味するようになりました。

　最初のポータルサイトは網羅的なカテゴリの情報を取り扱う総合ポータルサイトでした。それらはキーワード検索ができるウェブ検索エンジンと、編集者が管理するウェブサイトのディレクトリ（リンク集）、新聞社などのマスメディアが発信するニュース記事の転載、無料のメールなど、当時のネットユーザーが欲するサービスで構成されていました。

　代表的なものとしてはexcite、infoseek、Yahoo! JAPAN、MSN、Nifty、Biglobeなどがありました。

正解　C：[1]水平検索　[2]垂直検索

　Googleなどの総合的な情報を取り扱う検索サイトでは広く浅い情報からキーワード検索をするため「水平検索」と呼ぶ一方、特定のカテゴリを細かく条件付けして深堀りした検索をすることを「垂直検索」と呼びます。

第13問

Q ネットオークションについての正しい説明をABCDの中から1つ選びなさい。

A：ネットオークションとは、インターネットを利用して行われる競売のことをいう。出品者がオークションサイトに商品を出品し、買い手が希望の価格を提示して入札し、最高値を付けた買い手が落札して商品を競り落とす仕組みのことである。

B：ネットオークションとは、インターネットを利用して行われる販売のことをいう。ネットオークション主催者がオークションサイトに商品を出品し、買い手が希望の価格を提示して入札し、最高値を付けた買い手が落札して商品を競り落とす仕組みのことである。

C：ネットオークションとは、インターネットを利用して行われる競売のことをいう。出品者がオークションサイトに商品を出品し、ネットオークション主催者が希望の価格を提示して入札し、最高値を付けた買い手が落札して商品を競り落とす仕組みのことである。

D：ネットオークションとは、インターネットを利用して行われる競売のことを言う。出品者がオークションサイトに商品を出品し、買い手が希望の価格を提示して入札し、最安値を付けた買い手が落札して商品を販売する仕組みのことである。

正解 A：ネットオークションとは、インターネットを利用して行われる競売
のことをいう。出品者がオークションサイトに商品を出品し、買い
手が希望の価格を提示して入札し、最高値を付けた買い手が落札
して商品を競り落とす仕組みのことである。

　ネットオークションとは、インターネットを利用して行われる競売の
ことをいいます。出品者がオークションサイトに商品を出品し、買い手
が希望の価格を提示して入札し、最高値を付けた買い手が落札して商
品を競り落とす仕組みのことです。

　日本ではヤフオク!(旧・Yahoo!オークション)が1999年にサービ
スを開始して最大手のネットオークションサイトとなっており、他に楽
天オークションやモバオクが生まれました。

●2000年当時のYahoo!オークション

第14問

Q 次の文中の空欄[1]、[2]、[3]に入る最も適切な語句の組み合わせを
ABCDの中から1つ選びなさい。

電子掲示板の登場により初めて[1]が自由に自分たちの意見を投稿し自由な発言をすることが可能になった。それにより消費者の率直な商品・サービスへの感想や、[2]がどのような顧客対応をしているかが透明化され、[3]が購入決定をする際の判断材料として利用されるようになった。

A：[1]企業 [2]消費者 [3]消費者

B：[1]消費者 [2]企業 [3]消費者

C：[1]企業 [2]消費者 [3]企業

D：[1]消費者 [2]企業 [3]企業

第15問

Q メールアドレスを取得するには主に3つの方法がある。それらに該当しないものをABCDの中から1つ選びなさい。

A：フリーメール

B：プロバイダーメール

C：ステップメール

D：独自ドメインのメール

正解　B：[1]消費者　[2]企業　[3]消費者

　　電子掲示板の登場により初めて消費者が自由に自分たちの意見を投稿し自由な発言をすることが可能になりました。それにより消費者の率直な商品・サービスへの感想や、企業がどのような顧客対応をしているかが透明化され、消費者が購入決定をする際の判断材料として利用されるようになりました。

正解　C：ステップメール

　　メールアドレスを取得するには主に3つの方法があります。
・独自ドメインのメール
・プロバイダーメール
・フリーメール

第16問

Q

1回目

2回目

3回目

ウェブサイトの数が爆発的に増えた結果、消費者は1つひとつのウェブサイトに対して長い時間をかけて情報を収集し、比較検討することが困難な状況に陥るようになった。その結果、人気が高まるようになったのは次のうちどのサービスか？　最も適切なものをABCDの中から1つ選びなさい。

A：比較サイト、口コミサイト、ランキングサイト

B：情報サイト、口コミサイト、掲示板サイト

C：比較サイト、口コミサイト、ショッピングサイト

D：情報サイト、口コミサイト、ポータルサイト

第17問

Q

1回目

2回目

3回目

次の中で動画共有サービスと広くいわれているものの組み合わせはどれか？　ABCDの中から1つ選びなさい。

A：YouTube、Visio、Dailymotion、ニコニコ動画

B：YouTube、Vimeo、Dailynotion、ニコニコ動画

C：YouTube、Video、Dailymotion、ニコニコ動画

D：YouTube、Vimeo、Dailymotion、ニコニコ動画

正解　A：比較サイト、口コミサイト、ランキングサイト

　ウェブサイトの数が爆発的に増えた結果、消費者は1つひとつのウェブサイトに対して長い時間をかけて情報を収集し、比較検討することが困難な状況に陥るようになりました。

　その結果、あらかじめ編集者が膨大な情報を精査し、消費者が比較検討をしやすくするための判断材料を提供する比較サイト、口コミサイト、ランキングサイトの人気が高まるようになりました。

正解　D：YouTube、Vimeo、Dailymotion、ニコニコ動画

　動画共有サービスと広くいわれているものにYouTube、Vimeo、Dailymotion、ニコニコ動画があります。

第18問

Q 次の文中の空欄[　]に入る最も適切な語句をABCDの中から1つ選びなさい。

スマートフォンが誕生した当初はスマートフォン専用サイトとデスクトップ（パソコン）専用のウェブサイトをそれぞれ別に作る形が主流だった。しかし、時間とともに1つのウェブサイトが画面の大きさに応じて伸縮し、画像を出し分ける[　]という技術で作ることが大勢を占めるようになり、一度の手間でパソコンで見るサイトとスマートフォンで見るサイトの両方を作成できるようになった。

A：レスポンスページデザイン

B：レスポンシブウェブデザイン

C：レスポンスブウェブデザイン

D：レスポンシブサイトデザイン

正解　B：レスポンシブウェブデザイン

　スマートフォンが誕生した当初はスマートフォン専用サイトとデスクトップ（パソコン）専用のウェブサイトをそれぞれ別に作る形が主流でした。しかし、時間とともに1つのウェブサイトが画面の大きさに応じて伸縮し、画像を出し分けるレスポンシブウェブデザインという技術で作ることが大勢を占めるようになり、一度の手間でパソコンで見るサイトとスマートフォンで見るサイトの両方を作成できるようになりました。

第 2 章

ウェブ集客の手段

第19問

Q ポータルサイトを利用するデメリットに該当しないものはどれか？　最も適切なものをABCDの中から1つ選びなさい。

A：追加の広告費がかかるため利益率が低下する

B：掲載料金がかかる

C：コンバージョン率が低い見込み客が来やすい

D：クーポンを提供するため利益率が低下する

第20問

Q オンラインショッピングモールを利用する際の注意点に含まれにくいものを1つABCDの中から選びなさい。

A：モール側が各種料金の値上げや新しいサービスを始めてその費用を請求することがある

B：モールでは名前を売るのではなく、とにかく商品を売ることを当面の目標にする

C：モール内での競争が激しいので自社オリジナル商品を出品しないと儲けが少ない

D：モール側のルールに従わなければならない

正解 　C：コンバージョン率が低い見込み客が来やすい

　　ポータルサイトを利用するデメリットには次のものがあります。
・掲載料金がかかる
・クーポンを提供するため利益率が低下する
・追加の広告費がかかるため利益率が低下する
・リピート率が低い見込み客が来やすい

正解 　B：モールでは名前を売るのではなく、とにかく商品を売ることを当
　　　 面の目標にする

　　オンラインショッピングモールを利用する際の注意点には次のよう
なものがあります。
・モール内での競争が激しいので自社オリジナル商品を出品しないと
　儲けが少ない
・出品数を増やさないと露出が増えない
・レビューを増やさないと露出が増えない
・モール側のルールに従わなければならない
・モール側が各種料金の値上げや新しいサービスを始めてその費用
　を請求することがある
・モールでは商品を売るのではなく、名前を売ることを当面の目標に
　する

第21問

Q 検索ユーザーによく見られる確率が高い広告は次のうちどれか？ 最も適切なものをABCDの中から1つ選びなさい。

1回目

2回目

3回目

A：バナー広告
B：テキスト広告
C：リスティング広告
D：動画広告

第22問

Q 次の文中の空欄[ ]に入る最も適切な語句をABCDの中から1つ選びなさい。

1回目

無料ユーザー向けメールマガジンの読者にメールマガジン記事内で有料サービスを告知したときの成約率は、100人にメールマガジンを配信したら[ ]の確率での購入が期待できる。

2回目

3回目

A：0.01人から0.1人
B：0.05人から0.5人
C：0.1人から1人
D：1人から10人

正解　C：リスティング広告

　ウェブ上の広告にはバナー広告やテキスト広告など、さまざまな広告がありますが、検索ユーザーは自分が探している情報を見つけるために検索エンジンを使うので、検索したキーワードとの関連性が高いこの種の広告は検索ユーザーに見られる確率が高いという特徴があります。そのため、リスティング広告は集客効果が非常に高いといわれ広告主に非常に人気があります。

正解　C：0.1人から1人

　無料ユーザー向けメールマガジンは顧客向けメールマガジンとは違い、読者は一度もメールマガジンを配信する企業と取引をしていません。そのため、顧客向けメールマガジンほどの成約率はありません。

　しかし、ソフトウェアを販売する企業が、有料ソフトの無料版ソフトを作り、提供した場合はもともとそのソフトに関心のあるユーザーだけが無料版ソフトを利用するので有料ソフトの購入に関心を持っている確率は非常に高くなります。

　また、ポータルサイトや求人サイトへの無料掲載サービスにおいても、ユーザーが無料掲載を申し込んだポータルサイトや求人サイトへの関心は高いため、有料掲載サービスを利用する可能性は高い傾向があります。

　そのため、無料ユーザー向けメールマガジンの読者にメールマガジン記事内で有料サービスを告知したときの成約率は、100人にメールマガジンを配信したら0.1人から1人の確率での購入が期待できます。つまり成約率0.1%から1%程度を期待できる費用対効果が高い集客手段です。

第23問

Q 次の文中の空欄[　]に入る最も適切な語句をABCDの中から1つ選びなさい。

メールマガジンの受信者数を増やすためには、自らが努力をして魅力的な[　]商品を売り、顧客向けメールマガジンの読者を増やすことが先決である。

A：バックエンド

B：ミドルエンド

C：ハードエンド

D：フロントエンド

第24問

Q ソーシャルメディアを使えば、自社独自でシステム開発費を払わなくても無料で情報発信ができます。SNSに企業が投稿する情報として適切ではないものが含まれる組み合わせはどれか？　ABCDの中から1つ選びなさい。

A：キャンペーン情報、無料サービスの提供、優良顧客の詳しい情報

B：ブログの更新情報、ユーザー紹介・お客様紹介、商品・サービスの活用事例

C：無料お役立ち情報、スタッフの日常報告、プレゼント情報、マスコミの取材報告

D：商品・サービス情報、商品・サービスの活用方法、アンケート募集案内

正解　D：フロントエンド

　メールマガジンの受信者数を増やすためには、自らが努力をして魅力的なフロントエンド商品を売り、顧客向けメールマガジンの読者を増やすことが先決です。そして魅力的な無料サービスを開発して無料ユーザー向けメールマガジンを発行すること、価値のある記事を書くことにより購読希望者向けメールマガジンを発行することが必要となります。

　つまり最初にメールマガジン読者に役立つことを行い、その見返りとしてメールマガジンを送信したときにその文面を読んでくれる信頼関係を構築することが必要なのです。

正解　A：キャンペーン情報、無料サービスの提供、優良顧客の詳しい情報

　ソーシャルメディアを使えば、自社独自でシステム開発費を払わなくても無料で情報発信ができます。SNSに企業が投稿する情報としては次のものがあります。

- ・ウェブサイトの更新情報
- ・スタッフの日常報告
- ・無料サービスの提供
- ・プレゼント情報
- ・マスコミの取材報告
- ・商品・サービスの活用事例
- ・キャンペーン情報

- ・ブログの更新情報
- ・無料お役立ち情報
- ・イベント情報
- ・アンケート募集案内
- ・ユーザー紹介・お客様紹介
- ・商品・サービスの活用方法
- ・商品・サービス情報

第25問

動画配信における企業の取り組みにおいて、次の選択肢の中で最も適切なものはどれか？　ABCDの中から1つ選びなさい。

A：商品・サービスの特徴を強調する動画を数多く作成してストックする

B：視聴者を喜ばせるコンテンツを提供する前に、販売を最優先にする。

C：まず多くの無料お役立ち動画を作ることで、視聴者を喜ばせる。

D：無駄な費用を削減するために動画作成費の削減を優先する。

第26問

販売代理店制度を作り、他社のウェブサイト上で商品・サービスを販売してもらうという手法は非常に便利だが、いくつかの点に気を付けなくてはならない。特に注意すべき点の組み合わせをABCDの中から1つ選びなさい。

A：最高価格のコントロールと仕入先の離反

B：仕入れ価格のコントロールと仕入先の選定

C：仕入れ価格を低くすることと代理店の離反

D：販売価格のコントロールと代理店の離反

正解 C：まず多くの無料お役立ち動画を作ることで、視聴者を喜ばせる。

　　動画配信においては企業は、商品・サービスを売り込む前に、視聴者を喜ばすコンテンツを作って提供する必要があることを理解し、まずはたくさんの無料お役立ち動画を作るようにしましょう。

正解 D：販売価格のコントロールと代理店の離反

　　販売代理店制度を作り、他社のウェブサイト上で商品・サービスを販売してもらうという手法があります。このやり方を採用すれば、自社のウェブサイトを持たなくても、あるいはウェブサイトの更新に力を入れなくてもウェブを活用して売り上げを増やすことが可能です。
　　しかし、販売代理店制度を活用してウェブでの売り上げを増やすには特に次の点に留意する必要があります。
・販売価格のコントロール
・代理店の離反

第27問

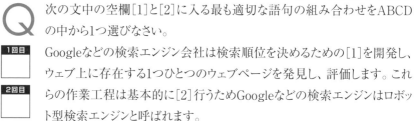

Q 次の文中の空欄[1]と[2]に入る最も適切な語句の組み合わせをABCDの中から1つ選びなさい。

1回目

Googleなどの検索エンジン会社は検索順位を決めるための[1]を開発し、ウェブ上に存在する1つひとつのウェブページを発見し、評価します。これらの作業工程は基本的に[2]行うためGoogleなどの検索エンジンはロボット型検索エンジンと呼ばれます。

2回目

3回目

A：[1]アルゴリズム　　　　[2]ソフトウェアが自動的に
B：[1]クローラー　　　　　[2]品質評価者が手動で
C：[1]アルゴリズム　　　　[2]ソフトウェアが段階的に
D：[1]クローラー　　　　　[2]エンジニアが自動的に

第28問

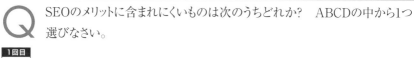

Q SEOのメリットに含まれにくいものは次のうちどれか？　ABCDの中から1つ選びなさい。

1回目

A：継続的な集客が見込める

2回目

B：SNSを使わなくてもよくなる

C：ブランディング効果がある

3回目

D：広告費をかけなくても集客ができる

正解　A：[1]アルゴリズム　[2]ソフトウェアが自動的に

　　Googleなどの検索エンジン会社は検索順位を決めるためのアルゴ
リズム（計算式）を開発し、ウェブ上に存在する1つひとつのウェブペー
ジを発見し、評価します。これらの作業工程は基本的にソフトウェアが
自動的に行うためGoogleなどの検索エンジンはロボット型検索エン
ジンと呼ばれます。

正解　B：SNSを使わなくても良くなる

　　SEO（検索エンジン最適化）のメリットには、次のようなものがあり
ます。
・広告費をかけなくても集客ができる
・ブランディング効果がある
・継続的な集客が見込める

第 3 章

ウェブサイトの仕組み

第29問

Q 次の文中の空欄[1]、[2]、[3]に入る最も適切な語句の組み合わせを
ABCDの中から1つ選びなさい。

ウェブサイトは通常、1つのページだけではなく、[1]ページから構成されて
いる。トップページから直接、サブページリンクにリンクを張る[2]のものや、
情報をよりわかりやすく整理するためにそれ以上の構造にする多層構造の
ものもある。この構造は[3]と呼ばれている。

A：[1]複数の 　　　　　[2]二層構造 　　　　　[3]ツリー構造

B：[1]多数の 　　　　　[2]多重構造 　　　　　[3]ツリー構造

C：[1]3つ以上の 　　　　[2]三層構造 　　　　　[3]ピラミッド構造

D：[1]複数の 　　　　　[2]多重構造 　　　　　[3]ピラミッド構造

第30問

Q ウェブサイトは多くの場合、どのようなファイルによって構成されるのか？　最
も適切な組み合わせをABCDの中から1つ選びなさい。

A：HTMLファイル、CSSファイル、JavaScriptファイル

B：HTMLファイル、CMSファイル、JavaScriptファイル

C：HTMLファイル、CSSファイル、Javaファイル

D：HTMLファイル、CSCファイル、Javaファイル

正解　A：[1]複数の　[2]二層構造　[3]ツリー構造

　ウェブサイトは通常、1つのページだけではなく、複数のページから構成されます。トップページから直接、サブページリンクにリンクを張る二層構造のものや、情報をよりわかりやすく整理するためにそれ以上の構造にする多層構造のものもあります。この構造は木の形に似ていることから「ツリー構造」と呼ばれます。そのためウェブサイトの基本的な構造はツリー型で表現されることが一般的です。

正解　A：HTMLファイル、CSSファイル、JavaScriptファイル

　ウェブサイトは通常1つのファイルでなく、複数のファイルによって構成されます。ファイルとは、コンピュータにおけるデータの管理単位の1つで、ハードディスクなどの記憶装置にデータを記録する際にユーザーやコンピュータソフトウェアから見て最小の記録単位となるデータのまとまりのことをいいます。

　ウェブサイトは多くの場合、HTMLファイル、CSSファイル、JavaScriptファイルなどによって構成されます。

第31問

 ウェブページで一般的に使用される画像ファイルの種類に当てはまらないものはどれか？　ABCDの中から1つ選びなさい。

A：WebP

B：TIFF

C：JPEG

D：GIF

第32問

 広く使われている画像編集ツールではないものはどれか？　ABCDの中から1つ選びなさい。

A：Illustrator

B：Canva

C：Final Cut

D：Photopea

正解　B：TIFF

　　ウェブページで一般的に使用される画像ファイルには主に5種類が
あり、画像編集ツールで作成します。
・JPEG
・PNG
・GIF
・SVG
・WebP

正解　C：Final Cut

　　画像の作成や編集はWindowsやmacOS（Apple社がパーソナル
コンピュータ「Mac」シリーズ向けに提供しているOS製品のこと。OS
はオペレーティングシステムの略で、コンピュータシステム全体を管
理し、さまざまなアプリケーションソフトを動かすための最も基本的な
ソフトウェアのこと）にあらかじめインストールされている無料の画像
編集ツールでもある程度はできますが、プロフェッショナルレベルの
画像をウェブページに載せるには別途、専門のソフトフェア会社が提
供する画像編集ツールをWindowsかmacOSで動くパソコンを利用
するのが一般的です。
　　広く使われている画像編集ツールには次のものがあります。
・Photoshop
・Illustrator
・GIMP
・Photopea
・Canva

第33問

Q ウェブページで使用する動画ファイルに最も含まれにくいものはどれか?
ABCDの中から1つ選びなさい。

1回目

2回目

3回目

A：FLV

B：WebP

C：MP4

D：AVI

第34問

Q PDFが普及した理由は次のうちどれか?　最も適切な説明をABCDの中
から1つ選びなさい。

1回目

2回目

3回目

A：Windowsか、MacかというようなOSの種類にかかわらず、どの
　　ようなパソコンでも無料でPDFを作成することができるため

B：デスクトップパソコンか、ノートパソコンかというようなパソコン
　　の機種にかかわらず、どのようなOSを搭載したデバイスでも高速
　　の印刷が可能になったため

C：パソコンの機種やプリンターによってレイアウトやフォントが制作
　　者が意図したものとは異なったものが表示されることがないから

D：Windowsか、MacかというようなOSの種類にかかわらず、どの
　　ようなパソコンでもセキュリティーを担保することが可能なため

正解　B：WebP

　ウェブページで使用する動画ファイルは主に次の5種類があり、動画編集ツールを使い作成します。
・MP4
・FLV
・AVI
・MOV
・WebM

正解　C：パソコンの機種やプリンターによってレイアウトやフォントが制作者が意図したものとは異なったものが表示されることがないから

　PDFは、Portable Document Formatの略で、データを実際に紙に印刷したときの状態を、そのまま保存することができるファイル形式です。作者が意図したレイアウトやフォントなどがそのまま保存され、どんな環境のパソコン、タブレット、スマートフォンで開いても、同じように見ることができる、電子書類です。

　PDFが登場するまではパソコンで書類ファイルを開くと、パソコンの機種やプリンターによってレイアウトやフォントが制作者が意図したものとは異なったものが表示されるのが当たり前だったため、PDFは非常に画期的なファイル形式となり広く普及するようになりました。

　HTMLで作成されるウェブページはブラウザで閲覧するものですが、PDFファイルはブラウザ以外にも、デバイスにインストールされたPDFソフトで閲覧することができます。PDFファイルの作成はほとんどのアプリケーションでできますが、専用のPDF作成ツールであるAdobe Acrobat Proなどでも作成できます。

第35問

Q 次の文中の空欄[1]と[2]に入る最も適切な語句の組み合わせをABCD の中から1つ選びなさい。

内容が固定されており、どのユーザーが見ても中身が変化しないウェブ ページを[1]ウェブページと呼び、ユーザーが入力したデータに基づいて それぞれのユーザーに異なった内容のウェブページを表示するのが[2] ウェブページと呼ぶ。

A：[1]コンスタント 　　　[2]ムーバブル
B：[1]スタイル 　　　　　[2]ダイナミック
C：[1]不変 　　　　　　　[2]可変
D：[1]静的な 　　　　　　[2]動的な

正解 D：[1]静的な　[2]動的な

　HTMLファイルで作ったウェブページの内容は基本的に固定されており、どのユーザーが見てもその中身は同じ内容です。ウェブページの作者がHTMLなどのタグを記述して保存をしたらその内容は人が変更しない限りそのままの状態で保存されます。

　このような内容が固定されており、どのユーザーが見ても中身が変化しないウェブページを「静的なウェブページ」と呼びます。

　確かにJavaScriptや一部のCSSの機能を使えばウェブページ上で単純な動作を表現することは可能です。しかしそれらはウェブページ内の一部のパーツに変化を付けるものがほとんどであり、限定的な動きに限られます。

　一方、ユーザーが入力したデータに基づいてそれぞれのユーザーに異なった内容のウェブページを表示するのが「動的なウェブページ」です。

第 4 章

ウェブページの仕組み

第36問

Q ナビゲーションバーは他にどのように呼ばれているか？ 最も正しいものを
ABCDの中から1つ選びなさい。

A：サイドメニュー

B：ヘッダーメニュー

C：ボディーナビゲーション

D：フッターメニュー

正解　B：ヘッダーメニュー

　　ナビゲーションバーとはウェブサイト内にある主要なページへリンクを張るメニューリンクのことです。主要なページへリンクを張ることからグローバルナビゲーションとも呼ばれます。通常は、全ページのヘッダー部分に設置されます。そのことからヘッダーメニュー、ヘッダーナビゲーションと呼ばれることもあります。

●PC版サイトのウェブページの一般的なレイアウト構成

ヘッダー
ナビゲーションバー

サイドバー	メインコンテンツ

フッター

第37問

Q スマートフォンユーザーの増加の影響で、PCサイトのページのデザインに関して、どのような変化が見られるようになったか？　最も正しいものをABCDの中から1つ選びなさい。

A：サイドバーがあるサイトが増えて、メインコンテンツの幅が狭くなった。

B：サイドバーの長さが短くなった。

C：メインコンテンツの文字数が減少した。

D：サイドバーがあるサイトが減少して、メインコンテンツの幅が広くなった。

第38問

Q 3カラムのウェブページのデザインに関して、どのような変化のトレンドが見られたか？　最も正しい説明をABCDの中から1つ選びなさい。

A：3カラムのウェブページが一時期流行ったが、その後、シングルカラムのウェブページが増えた。

B：3カラムのウェブページは今でも最も流行っているデザインである。

C：3カラムのウェブページの後、最近は4カラムのウェブページが流行ってきている。

D：3カラムのウェブページが流行った後、4カラムのウェブページが減少してきた。

正解　D：サイドバーがあるサイトが減少して、メインコンテンツの幅が広く
　　　　なった。

　幅が小さいスマートフォンサイトのページにはサイドバーを置く余
裕がないため、スマートフォンユーザーの増加とともに、PCサイト
のページにもサイドバーを設置しないページが増えています。サイド
バーをメインコンテンツの横に配置しなければメインコンテンツの幅
を広く取ることができ、メインコンテンツにはより多くの文章や、幅が
広い大きな画像を掲載することが可能になります。

正解　A：3カラムのウェブページが一時期流行ったが、その後、シングルカ
　　　　ラムのウェブページが増えた。

　一時期、3カラムのウェブページ、特にトップページが3カラムのウェ
ブページが流行しました。しかし、3カラムのウェブページはたくさん
の異なった情報を載せることができるという長所が短所にもなり、ご
ちゃごちゃした印象をユーザーに与える傾向があるため、最近では
廃れてきています。その後は2カラムのウェブページが増え、最近で
はモバイルサイトの普及が影響しているためシングルカラムのウェブ
ページが急速に増えています。

第39問

Q フッターについての説明として、最も正しいものはどれか？　ABCDの中から1つ選びなさい。

A：フッターはメインコンテンツの上部に位置し、特定のページのみに表示される情報を掲載する場所である。

B：フッターはウェブページの最上部に位置し、全ページ共通の情報を掲載する場所である。

C：フッターはメインコンテンツの下の部分にあり、全ページ共通の情報を掲載する場所で、SNSへのリンクや連絡先などが掲載されることがよくある。

D：フッターはメインコンテンツの最下部に位置し、そのページの要約情報を掲載する場所である。

第40問

Q トップページのデザインにおいて考慮すべきポイントに関する説明として、最も正しいものはどれか？　ABCDの中から1つ選びなさい。

A：トップページの役割は主に目次的な役割であり、グラフィックデザインやブランディングは重要ではない。

B：トップページはサイト全体の顔としての役割を持ち、商品やサービスの動画を掲載するのが最も重要である。

C：トップページのデザインでは目次的な役割とブランディングのバランスが重要で、どちらか一方の役割を過度に重視するとユーザー体験が損なわれる可能性がある。

D：トップページは主にインパクトのある画像を掲載することが重要で、他の情報はあまり重要ではない。

正解　C：フッターはメインコンテンツの下の部分にあり、全ページ共通の
情報を掲載する場所で、SNSへのリンクや連絡先などが掲載さ
れることがよくある。

　フッターとはメインコンテンツの下の部分で全ページ共通の情報を
掲載する場所です。フッターには各種SNSへのリンク、サイト内の主
要ページへのリンク、自社が運営している他のウェブサイトへのリン
ク、注意事項、住所、連絡先、著作権表示などが掲載されていること
がよくあります。

正解　C：トップページのデザインでは目次的な役割とブランディングのバ
ランスが重要で、どちらか一方の役割を過度に重視するとユー
ザー体験が損なわれる可能性がある。

　トップページの役割の1つはサイト内の目次としてのような役割で
あり、もう1つの役割はサイト全体の顔としての役割です。サイトを訪
問したユーザーにどのような企業なのか、どのような店舗なのかとい
う印象を与えるというブランディングをする役割です。そのために趣
向を凝らしたキャッチコピーや説明文、インパクトのある画像を掲載
し、最近では商品・サービスや企業そのものを紹介する動画を掲載す
るケースが増えています。
　これら2つの役割のバランスを取ることがトップページのデザイン
では重要です。目次的な役割ばかりを重視すると企業のブランディン
グをするためのグラフィックデザインがなおざりになり企業イメージが
損なわれます。
　反対に、サイト全体の顔としての役割ばかりを重視すると見た目は
よいデザインのサイトでも、ユーザーにとって使いにくいトップページ
になってしまいます。

第41問

消費者にとって未知の企業がウェブ上での信頼性を高めるためにページに掲載する情報として、一般的には何を記載することが挙げられるか?
最も適切なものをABCDの中から1つ選びなさい。

A：企業の創業者の趣味や特技

B：企業の商品の製造過程

C：自社のメディア実績や講演実績

D：他社の商品やサービスの評価

第42問

サービス業のサイトのサービス案内ページの主な目的は何か? 最も適切なものをABCDの中から1つ選びなさい。

A：サイトのデザインを展示して企業のブランディングを確立する

B：各サービスを詳しく説明し、見込み客からの問い合わせを増やす

C：サイトのアクセス数を公表して、見込み客からの信頼を獲得する

D：サイトの背景や歴史を伝えて、見込み客へ安心感を提供する

正解　C：自社のメディア実績や講演実績

　テレビCMや大手マスメディアで見かける有名企業ではなく、ウェブ上で初めて知った未知の企業を信用することは困難です。そのため、ユーザーは商品やサービスを気に入ったとしても信頼性が低いと認識してしまうためすぐには商品・サービスを申し込んでくれないことがあります。そうしたユーザーに信頼してもらうための方法としてメディア実績、講演実績、寄稿実績を掲載したページを持つ企業があります。

　これらのメディア実績ページにはこれまで自社のことを取り上げてくれた新聞記事、雑誌記事の記事タイトルや概要、発行年月日などを記載しています。また、テレビ番組やラジオ番組に取り上げられた場合はその番組名やどのような形で取り上げられたのかを記載することが一般的です。

正解　B：各サービスを詳しく説明し、見込み客からの問い合わせを増やす

　法律事務所や、行政書士事務所などの士業のサイトや、ウェブ制作会社やカウンセリング事務所、病院・クリニック、整体院などのサービス業のサイトにはサービス案内ページ、またはサービス販売ページがあります。

　サービス案内ページには、どのようなサービスを提供しているのか、提供している1つひとつのサービスを詳しく説明します。そうすることにより、見込み客からの問い合わせを増やすことや来店を促すことが可能です。

　また、サービスの案内をするだけでなく、サイト上で申し込み、予約ができるようにするサービス販売ページを持つサイトもあります。申し込み時、予約時にクレジットカードなどで決済が完了するサービス販売ページを持てばサイト上で即時に売り上げを立てることが可能になります。

第43問

Q 次の文中の空欄[1]と[2]に入る最も適切な語句の組み合わせをABCD の中から1つ選びなさい。

GoogleやYahoo! JAPANなどの検索エンジンの広告枠に表示するための専用のページを[1]と呼ぶ。LPはランディングページの略で、ユーザーが検索エンジンやウェブサイトにあるリンクをクリックして最初に訪問するページのことである。広告専用ページはユーザーが[2]他のページへはリンクをせずに、1つのページだけで完結する作りのものがほとんどである。

A：[1]広告特化ページ、広告専用LP、またはLP
　　[2]最高値で購入、または申し込みというゴールに達することができるようにするために

B：[1]広告専用ページ、広告専門LP、またはLP
　　[2]最短で購入、または申し込みという段階に達することができるようにするために

C：[1]広告兼用ページ、広告用LP、またはLP
　　[2]最安値で購入、または申し込みという段階に達することができるようにするために

D：[1]広告専用ページ、広告用LP、またはLP
　　[2]最短で購入、または申し込みというゴールに達することができるようにするために

正解　D：[1]広告専用ページ、広告用LP、またはLP
　　　[2]最短で購入、または申し込みというゴールに達することがで
　　　　きるようにするために

　GoogleやYahoo! JAPANなどの検索エンジンの広告枠に表示す
るための専用のページを広告専用ページ、広告用LP、またはLP（エ
ルピー）と呼びます。LPはランディングページの略で、ユーザーが検
索エンジンやウェブサイトにあるリンクをクリックして最初に訪問する
ページのことです。
　広告専用ページはユーザーが最短で購入、または申し込みという
ゴールに達することができるようにするために他のページへはリンク
をせずに、1つのページだけで完結する作りのものがほとんどです。

第44問

 次の文中の空欄[ ]に入る最も適切なものをABCDの中から1つ選びなさい。

 検索エンジンの自然検索欄に表示されるページと広告専用ページの内容が重複すると自然検索での検索順位が下がってしまうため、広告専用ページのHTMLソース内に「[ ]」というような検索エンジンに登録しないためのタグを記載することがあります。

A：<meta name="robot" content="noindex">

B：<meta name="robots" contents="noindex">

C：<meta name="robot" contents="noindex">

D：<meta name="robots" content="noindex">

第45問

 次の文中の空欄[1]と[2]に入る最も適切な語句の組み合わせをABCDの中から1つ選びなさい。

 [1]とは、事業者による違法・悪質な勧誘行為などを防止し、消費者の利益を守ることを目的とする法律である。具体的には、訪問販売や通信販売などの消費者トラブルを生じやすい取引類型を対象に、事業者が守るべきルールと、[2]などの消費者を守るルールなどを定めている。

A：[1]特定取引法　　　[2]個人情報保護

B：[1]特定取引法　　　[2]クーリングオフ

C：[1]特定商取引法　　[2]クーリングオフ

D：[1]特殊商取引法　　[2]個人情報保護

正解 D：<meta name="robots" content="noindex">

　検索エンジンの自然検索欄に表示されるページと広告専用ページの内容が重複すると自然検索での検索順位が下がってしまうため、広告専用ページのHTMLソース内に「<meta name="robots" content="noindex">」というような検索エンジンに登録しないためのタグを記載することがあります。

正解 C：[1]特定商取引法　[2]クーリングオフ

　特定商取引法とは、事業者による違法・悪質な勧誘行為などを防止し、消費者の利益を守ることを目的とする法律です。具体的には、訪問販売や通信販売などの消費者トラブルを生じやすい取引類型を対象に、事業者が守るべきルールと、クーリングオフなどの消費者を守るルールなどを定めています。クーリングオフとは一定の契約に限り、一定期間、説明不要の無条件で申し込みの撤回または契約を解除できる法制度のことです。

第46問

Q ユーザーが知名度の低い企業のウェブサイトを見たとき、不安を感じる際に、その不安を払拭するための効果的なページは何か？　最も効果が期待できるものをABCDの中から1つ選びなさい。

A：事例紹介ページ

B：お問い合わせページ

C：製品詳細ページ

D：企業の歴史ページ

第47問

Q 新規の企業や実績が少ない事業者が、クライアントの事例をウェブサイトに掲載するための掲載許可を得やすくするための提案として最も適切なものはどれか？　ABCDの中から1つ選びなさい。

A：クライアントに形式上の請求をする

B：クライアントの事例を勝手に公開する

C：他の事業者の事例を無許可で使用する

D：事例掲載許可を条件に割引を提供する

正解　A：事例紹介ページ

　サイトからの売り上げを増やすために有効な手段の1つとして、事例をたくさん見せるというのがあります。事例紹介ページが成約率を高める効果がある理由は、これまで見たことのない知名度の低い企業のウェブサイトをユーザーが見たとき、不安を感じるからだと考えられます。そうしたユーザーの不安を払拭するのに役立つのが事例紹介ページです。

正解　D：事例掲載許可を条件に割引を提供する

　事例をウェブサイトに掲載するにはお客様からの許可が必要です。起業をしたばかりのころや、実績が少ない時期には事例掲載許可を条件に一定の割引を提供するか、通常よりもサービスを多めに提供するなど他のクライアントよりも優遇するとクライアントが快く掲載許可を出してくれることがあります。

第48問

Q 企業のウェブサイトのページの中でも必須のページである会社概要、企業情報、店舗情報に含める情報の組み合わせとして、もしも6つの情報だけしか含めることができない場合の最も適切な組み合わせはどれか? ABCDの中から1つ選びなさい。

A：企業名、社員名、事業所の所在地、電話番号、メールアドレス、取引先一覧

B：企業名、代表者名、事業所の所在地、電話番号、メールアドレス、事業内容一覧

C：企業名、代表者名、社員名、外注先名、電話番号、メールアドレス、事業内容一覧

D：企業名、株主名、事業所の所在地、電話番号、メールアドレス、所属団体一覧

第49問

Q 次の文中の空欄[　]に入る最も適切な語句をABCDの中から1つ選びなさい。

[　]とは、企業の活動方針の基礎となる基本的な考え方のことで、企業の活動方針を明文化したものである。

A：経済概念

B：経営概念

C：経済理念

D：経営理念

正解 B：企業名、代表者名、事業所の所在地、電話番号、メールアドレス、事業内容一覧

　　企業のウェブサイトのページの中でも必須のページであり、法人の場合は会社概要、企業情報などと呼ばれ、店舗のウェブサイトの場合は店舗情報、個人が運営しているブログなどでは運営者情報と呼ばれるページです。

　　掲載する内容は、企業名（店舗名、サイト名またはブログ名）、代表者名、事業所の所在地、電話番号、メールアドレス、そして事業内容一覧などを載せることがあります。また、政府からの許認可が必要な業界では許認可番号や保有資格、認証機関からの認証番号、所属団体名、所属学会名を記載している企業も多数あります。

正解 D：経営理念

　　経営理念とは、企業の活動方針の基礎となる基本的な考え方のことで、企業の活動方針を明文化したものです。経営理念は会社概要ページに掲載されている場合もありますが、独立した1つのページを作り、そこに経営理念を箇条書きで載せ、その下にその経営理念に基づいてどのような取り組みをしてきたか等詳しい説明を載せると興味を持ったユーザーが共感して信頼してくれる可能性が高まります。

第50問

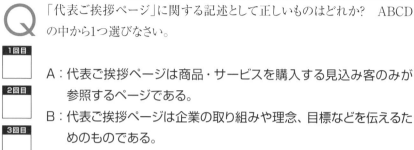

Q 「代表ご挨拶ページ」に関する記述として正しいものはどれか？　ABCD の中から1つ選びなさい。

1回目

2回目

3回目

A：代表ご挨拶ページは商品・サービスを購入する見込み客のみが 参照するページである。

B：代表ご挨拶ページは企業の取り組みや理念、目標などを伝えるた めのものである。

C：代表ご挨拶ページには、代表者の写真を掲載しない方が良いとさ れている。

D：代表ご挨拶ページは、企業の業績や財務情報について詳しく説明 するページである。

第51問

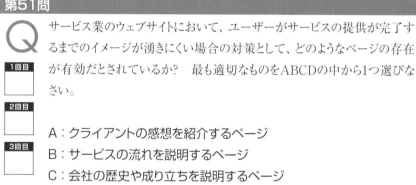

Q サービス業のウェブサイトにおいて、ユーザーがサービスの提供が完了す るまでのイメージが湧きにくい場合の対策として、どのようなページの存在 が有効だとされているか？　最も適切なものをABCDの中から1つ選びな さい。

1回目

2回目

3回目

A：クライアントの感想を紹介するページ

B：サービスの流れを説明するページ

C：会社の歴史や成り立ちを説明するページ

D：サービスに関するQ&AとFAQページ

正解 B：代表ご挨拶ページは企業の取り組みや理念、目標などを伝えるためのものである。

　代表ご挨拶ページでは、企業の代表が何のためにどのような取り組みを企業として行っているのか、企業の理念や目標などを伝えるページです。商品・サービスの購入を検討している見込み客だけでなく、求人の応募を検討している求職者や、銀行の融資担当者、投資家たちも注目するページです。

　文章だけでなく、極力代表者の写真も掲載すると隠しごとのない、オープンな企業だという好印象を与えることが可能になります。

正解 B：サービスの流れを説明するページ

　サービス業の中には、ユーザーが申し込みをしてからサービスの提供が完了するまでのイメージが湧きにくいものがあります。そうした業種のサイトからの離脱、失注を防止するためにサービスの流れを説明するサイトが多数あります。

第52問

Q 高額な教育サービスや設備の販売、建築サービスを提供する業界での資料請求に関する最近の傾向として、何が効果的とされているか？　最も適切なものをABCDの中から1つ選びなさい。

A：資料を請求されたら、資料を2日後に郵送し、その後、電話をする。

B：資料請求と同時に品質が高い紙の資料のみを速達で郵送する。

C：資料請求と同時にPDF形式で資料をダウンロード可能にする。

D：資料請求後、フォローアップの連絡を毎週1回の頻度で行う。

第53問

Q 次の文中の空欄[1]、[2]、[3]に入る最も適切な語句の組み合わせをABCDの中から1つ選びなさい。

サイト上でユーザー登録するユーザー側のメリットとしては、[1]や、請求書や領収書をログイン後の画面で好きなときに閲覧し、印刷やPDFファイルとして出力できるというものもある。一方、サイト運営者側のメリットとしては、

登録されたメールアドレスに向けて[2]などの[3]を送信することが可能になることである。

A：[1]過去の閲覧履歴が閲覧できること　　[2]メールマガジン
　　[3]無料お役立ち情報

B：[1]過去の購入履歴が閲覧できること　　[2]ステップメール
　　[3]販促メール

C：[1]過去の閲覧履歴が閲覧できること　　[2]自動送信メール
　　[3]無料お役立ち情報

D：[1]過去の購入履歴が閲覧できること　　[2]メールマガジン
　　[3]販促メール

正解　C：資料請求と同時にPDF形式で資料をダウンロード可能にする。

　いきなりユーザーが商品・サービスを申し込むのが難しい高額な教育サービスや設備の販売、建築サービスを提供する業界では、事前に紙の資料を請求することが慣習化されています。そうした業界の場合は、見込み客が知りたそうな情報を事前に何ページかの紙の資料に掲載して準備をします。そして資料請求が来たら迅速に郵送し、その後、フォローアップの電話かメールを出すことが受注率を高めることになります。

　しかし、近年では、紙の資料だけでなく、その資料のデータをPDF形式で出力して、急いでいる見込み客が資料請求と同時にダウンロードできるようにすることが効果的になってきています。

正解　D：[1]過去の購入履歴が閲覧できること　[2]メールマガジン
　　　　[3]販促メール

　サイト上でユーザー登録するユーザー側のメリットとしては、過去の購入履歴が閲覧できることや、請求書や領収書をログイン後の画面で好きなときに閲覧し、印刷やPDFファイルとして出力できるというものもあります。

　サイト運営者側のメリットとしては、登録されたメールアドレスに向けてメールマガジンなどの販促メールを送信することが可能になることです。

第54問

 Q　多くの大手企業のウェブサイトにあるIRページのIRとは何の略か？　最も適切なものをABCDの中から1つ選びなさい。

A：Investing Relations

B：Investor Relations

C：Investor Regulations

D：Internal Relations

第55問

Q　プライバシーポリシーに関して、次の記述のうち正しいものはどれか？　最も適切なものをABCDの中から1つ選びなさい。

A：プライバシーポリシーはウェブサイトのデザインとユーザビリティーに関する規範を示すものである。

B：プライバシーポリシーには、サイトで販売する商品・サービスの一覧を記載する必要がある。

C：プライバシーポリシーは、サイトの管理者が如何にユーザーの情報を利用するかに関する規範を示すものである。

D：プライバシーポリシーを記載することで、ユーザーがページを閲覧する快適性を向上させることができる。

正解　B：Investor Relations

　IRページは上場企業のサイトには必ずといってよいほど見かける
ページです。IRとはInvestor Relationsの略で、企業が投資家に向
けて経営状況や財務状況、業績動向に関する情報を発信する活動の
ことです。株主や、国内外の投資家だけでなく、顧客や地域社会など
に対して、経営方針や活動成果を伝えることも目的になっています。

正解　C：プライバシーポリシーは、サイトの管理者が如何にユーザーの情
　　　　報を利用するかに関する規範を示すものである。

　プライバシーポリシーとは、ウェブサイトにおいて、収集した個人情
報をどう扱うのかなどを、サイトの管理者が定めた規範のことです。
個人情報保護方針とも呼ばれます。プライバシーポリシーは、利用規
約の一部として記載している場合もあります。
　プライバシーポリシーでは特に次の2つの点をしっかりと記載する
必要があります。
・ユーザーがページを閲覧しているときにアクセス解析ソフトなどの
　マーケティングツールでどのような情報を取得しているのか。
・ユーザーがフォームに入力したメールアドレスに向けて今後どのよう
　な情報を配信するのか。

第56問

Q 次の記述のうち、正確なものはどれか？ 最も正確なものをABCDの中から1つ選びなさい。

A：他人のサイトにリンクを張る際には、必ずリンク先のサイト運営者から許可を得なければならない。

B：他人のサイトにリンクを張ることは、常に著作権侵害と見なされる。

C：リンクを張る行為自体は、原則として著作権侵害にはあたらない。

D：すべてのサイトは、他者からのリンクについて許可を必要としている。

正解　C：リンクを張る行為自体は、原則として著作権侵害にはあたらない。

　リンクを張るかどうかという点に対しては法的には、他人のサイトにリンクを張ることは、リンク先のサイト運営者からリンクを張る許可を得ていなくとも原則として著作権侵害にはあたりません。理由は、リンクを張る行為は、他人のウェブページの文章や画像などの複製（コピー）ではなく、単にウェブページのURLを記載するに過ぎないからです。

　ただし、ウェブページの中にフレーム内表示という形で他人のウェブページを表示することは自分のウェブページの一部として表示できるため複製となります。無断の複製は著作権侵害となり得るので事前にリンク先サイトの運営者から許可を得る必要があります。

第 **5** 章

ウェブサイトの作成手段

第57問

Q 次の文中の空欄[　]に入る最も適切な語句をABCDの中から1つ選びなさい。

[　]とは、インターネットを通じて遠隔からソフトウェア、ツールをユーザーが利用することを可能にするサービスのことである。

A：APCサービス

B：ACSサービス

C：APSサービス

D：ASPサービス

第58問

Q 次の文中の空欄[　]に入る最も適切な語句をABCDの中から1つ選びなさい。

ホームページ作成サービスの月額利用料金は、[　]の範囲にわたり、利用できる機能や運用コンサルタントによるサポートの有無によって金額が変わる。

A：100円から1000円前後

B：1000円から5万円前後

C：数千円から10万円前後

D：数万円から100万円前後

正解　D：ASPサービス

　ASPにはいくつかの意味がありますが、ASPサービスとは、インターネットを通じて遠隔からソフトウェア、ツールをユーザーが利用することを可能にするサービスのことです。

正解　C：数千円から10万円前後

　ホームページ作成サービスの月額利用料金は、数千円から10万円前後の範囲にわたり、利用できる機能や運用コンサルタントによるサポートの有無によって金額が変わります。

第59問

Q サイトを自作する方法に該当しにくいものはどれか？　ABCDの中から1つ選びなさい。

A：CMSを使う

B：テキストエディタを使ってコーディングをする

C：アルゴリズムを使ってクロールする

D：ホームページ制作ソフトを使う

第60問

Q WordPressのメリットに該当しにくい組み合わせはどれか？　ABCDの中から1つ選びなさい。

A：インストールが簡単、WordPressに関する書籍や解説サイトが多い

B：操作が簡単、テーマを変更することにより、デザインのリニューアルができる

C：WordPressを使えるデザイナー、エンジニアが多い、動画との相性が良い

D：プラグインを使うことにより、たくさんの機能を追加できる、SEOとの親和性が高い

正解　C：アルゴリズムを使ってクロールする

　サイトを自作するには次の3つの方法があります。
・テキストエディタを使ってコーディングをする
・ホームページ制作ソフトを使う
・CMSを使う

正解　C：WordPressを使えるデザイナー、エンジニアが多い、動画との
　　　　相性が良い

　WordPressはもともと個人の日記やニュースを配信するブログシステムとして生まれ普及しましたが、今日では企業が自社商品・サービスの見込み客を集客するためのウェブサイトとしても利用されています。

　WordPressが普及した理由としては次のような非常に多くのメリットがあるからです。
・インストールが簡単
・操作が簡単
・テーマを変更することにより、デザインのリニューアルができる
・プラグインを使うことにより、たくさんの機能を追加できる
・SEOとの親和性が高い
・WordPressに関する書籍や解説サイトが多い
・WordPressを使えるデザイナー、エンジニアが多い
・無料で利用できる

第6章

ウェブサイト公開の流れ

第61問

Q ユーザーにウェブサイトを見てもらうための作業に含まれにくいものの組み合わせは次のうちどれか？　ABCDの中から1つ選びなさい。

A：DNSの設定、サーバーの開設

B：サーバーへのファイル転送、告知

C：アルゴリズム登録、リスティング申請

D：ドメイン名の取得、表示の確認

第62問

Q ドメイン名に関する記述のうち、正確なものはどれか？　ABCDの中から1つ選びなさい。

A：ドメイン名の料金は年額数万円から数十万円であることが一般的である。

B：ドメイン名の料金の支払いを怠ると、他の企業にその名前を広告として使われるリスクがある。

C：文字数の多いドメイン名は、希少価値が高い傾向がある。

D：一度取得されたドメイン名は、将来的に高価になる可能性があり、海外では高額で転売される事例もある。

正解　C：アルゴリズム登録、リスティング申請

　ユーザーにウェブサイトを見てもらうための作業には、次の6つがあります。

・ドメイン名の取得
・サーバーの開設
・DNSの設定
・サーバーへのファイル転送
・表示の確認
・告知

正解　D：一度取得されたドメイン名は、将来的に高価になる可能性があり、海外では高額で転売される事例もある。

　ドメイン名の料金は年額数百円から数千円であるものがほとんどです。比較的料金は低めに設定されているので気軽に取得ができますが、料金の支払いを怠ると失効してしまい、他人にそのドメイン名を使われるリスクがあるので注意しなくてはなりません。

　そして、一度取得されたドメイン名は値上がりの可能性があります。海外では1つのドメインが1億円以上で転売されているという事例もあります。文字数の少ないドメイン名は特に希少価値が高い傾向があります。ドメイン名そのものに資産価値が生じることがあるので注意しましょう。

第63問

Q ウェブサイトを公開するためのサーバーには3つの層がある。それらに含まれにくいものはどれか? ABCDの中から1つ選びなさい。

1回目

2回目

3回目

A：データベースサーバー(データ層)

B：アプリケーションサーバー(アプリケーション層)

C：プレゼンテーションサーバー(アプリケーション層)

D：ウェブサーバー(プレゼンテーション層)

第64問

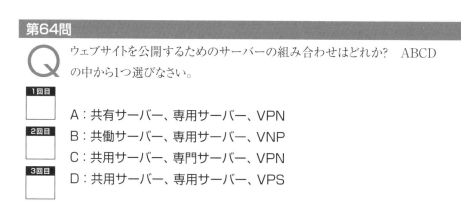

Q ウェブサイトを公開するためのサーバーの組み合わせはどれか? ABCDの中から1つ選びなさい。

1回目

2回目

3回目

A：共有サーバー、専用サーバー、VPN

B：共働サーバー、専用サーバー、VNP

C：共用サーバー、専門サーバー、VPN

D：共用サーバー、専用サーバー、VPS

第65問

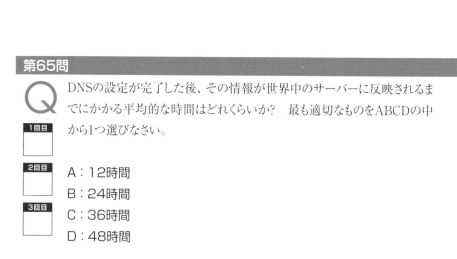

Q DNSの設定が完了した後、その情報が世界中のサーバーに反映されるまでにかかる平均的な時間はどれくらいか? 最も適切なものをABCDの中から1つ選びなさい。

1回目

2回目

3回目

A：12時間

B：24時間

C：36時間

D：48時間

正解　C：プレゼンテーションサーバー（アプリケーション層）

　ウェブサイトを公開するためのサーバーは主に次の3つの層に分かれています。
・ウェブサーバー（プレゼンテーション層）
・アプリケーションサーバー（アプリケーション層）
・データベースサーバー（データ層）

正解　D：共用サーバー、専用サーバー、VPS

　ウェブサイトを公開するためのサーバーは通常、レンタルサーバー会社が提供しているものを使用します。レンタルサーバーには複数の利用プランがあり、主に次の3種類があります。
・共用サーバー
・専用サーバー
・VPS

正解　B：24時間

　DNSの設定が完了すると世界中のサーバーに情報が反映されるのに平均24時間前後かかります。
　情報が反映されるとブラウザにドメイン名を入力するとウェブサイトが見られるようになります。世界中のすべてのサーバーに一斉に情報が反映されないため、DNSの設定直後は、自分のデバイスではウェブサイトが閲覧できても遠隔地からインターネット接続している他人のデバイスでは閲覧できないという時差が生じます。

第66問

 Q 次の文中の空欄[1]と[2]に入る最も適切な語句の組み合わせをABCD の中から1つ選びなさい。

 1回目

 2回目

 3回目

WordPressなどのCMSでウェブサイトを作る場合は、CMS自体がすでに サーバーに[1]されているためウェブページを作成すると同時にサーバー にファイルが生成される。そのため、ファイルのアップロードをする手間はか からない。ただし、サイト運営者のパソコンで作成した画像ファイルや動画 ファイルはCMSの管理画面でアップロードしたいファイルを選択してアップ ロードする。WordPressを使用している場合は、WordPressにある[2]と いう画面で、ファイルを選択してアップロードする。

A：[1]インストール　　　[2]メディアクエリ
B：[1]ダウンロード　　　[2]メディアライブラリ
C：[1]ダウンロード　　　[2]メディアクエリ
D：[1]インストール　　　[2]メディアライブラリ

第67問

 Q ウェブサイトの表示を確認する際に使用すべきブラウザに含まれないもの は次のうちどれか？　ABCDの中から1つ選びなさい。

 1回目

 2回目

 3回目

A：Candra
B：Firefox
C：Edge
D：Chrome

正解　D：[1]インストール、[2]メディアライブラリ

　WordPressなどのCMSでウェブサイトを作る場合は、CMS自体がすでにサーバーにインストールされているため、ウェブページを作成すると同時にサーバーにファイルが生成されます。そのため、ファイルのアップロードをする手間はかかりません。

　ただし、サイト運営者のパソコンで作成した画像ファイルや動画ファイルはCMSの管理画面でアップロードしたいファイルを選択してアップロードします。WordPressを使用している場合は、WordPressにあるメディアライブラリという画面で、ファイルを選択してアップロードします。

正解　A：Candra

　ウェブサイトの表示を確認するには1つのブラウザだけでなく、複数のブラウザで確認する必要があります。特に近年ではスマートフォンユーザーが増えたためパソコンだけでなく、スマートフォンやタブレットなどのモバイルデバイスに搭載された複数のブラウザで表示を確認する必要があります。

　主要なブラウザには、Chrome、Firefox、Safari、Edgeなどがあります。それぞれのパソコン版とモバイル版でウェブサイトの表示とプログラムの動作を確認しましょう。

第68問

Q 次の文中の空欄[1]と[2]に入る最も適切な語句の組み合わせをABCD の中から1つ選びなさい。

[1]とは、Google検索に表示される地図欄に自社情報を登録するものです。 [1]に自社の情報や、[2]がある場合は、各[2]の情報を登録すると自社 情報が表示され、「ウェブサイト」という欄から自社サイトにリンクを張ること ができます。

A：[1]Googleビジネスプロフィール 　　[2]支店

B：[1]Googleマイビジネス 　　　　　　[2]ブログ

C：[1]Googleビジネスプロフィール 　　[2]専門サイト

D：[1]Googleビジネスプレイス 　　　　[2]支店

第69問

Q 次の文中の空欄[1]と[2]に入る最も適切な語句の組み合わせをABCD の中から1つ選びなさい。

企業が[1]を投稿できるサービスがある。サイトがオープンしたことを伝える [1]文を作成し、[1]代行サービスを利用するとその[1]文が複数の大手 メディアのサイトに転載されて、それらのサイトからの訪問者を増やすこと が可能である。1回あたり[2]の料金を払うと利用できる。

A：[1]メディアリリース 　[2]5万円から10万円

B：[1]プレスリリース 　　[2]5000円から8000円

C：[1]メディアリリース 　[2]5万円から15万円

D：[1]プレスリリース 　　[2]5000円から3万円

正解　A：[1]Googleビジネスプロフィール　[2]支店

　Googleビジネスプロフィールとは、Google検索に表示される地図欄に自社情報を登録するものです。Googleビジネスプロフィールに自社の情報や、支店がある場合は、各支店の情報を登録すると自社情報が表示され、「ウェブサイト」という欄から自社サイトにリンクを張ることができます。

正解　D：[1]プレスリリース　[2]5000円から3万円

　企業がプレスリリースを投稿できるサービスがあります。サイトがオープンしたことを伝えるプレスリリース文を作成しプレスリリース代行サービスを利用するとそのプレスリリース文が複数の大手メディアのサイトに転載されて、それらのサイトからの訪問者を増やすことが可能です。1回あたり5000円から3万円の料金を払うと利用できます。

第7章

ウェブを支える基盤

第70問

Q 基幹ネットワークに関する以下の記述のうち、正しいものはどれか? ABCDの中から1つ選びなさい。

A：インターネットの副次的な経路を示す。

B：商用、政府、学術などのデータ経路の相互接続された集合体である。

C：1つの国や地域内の基幹通信網のみを意味する。

D：インターネットの速度を遅くする要因として知られる。

第71問

Q 回線事業者に関する次の記述のうち、正しいものはどれか? 最も適切な語句をABCDの中から1つ選びなさい。

A：回線事業者と契約するだけで、インターネットに接続できる。

B：回線には、光回線やケーブルテレビ、電話回線、モバイル回線などの種類がある。

C：回線事業者は、インターネットの速度を管理する事業者である。

D：KDDIは国際的に成功しているISPの一つである。

正解　B：商用、政府、学術などのデータ経路の相互接続された集合体である。

　　基幹ネットワークとは、インターネットバックボーンとも呼ばれ、インターネットの主要幹線を意味します。商用、政府、学術、その他の大容量データ経路の相互接続された集合体で、国家間、大陸間など世界中にデータを伝送するための通信網です。

正解　B：回線には、光回線やケーブルテレビ、電話回線、モバイル回線などの種類がある。

　　回線事業者とは、インターネットに接続するための回線を提供する事業者です。回線には光回線や、ケーブルテレビ、電話回線、モバイル回線などの種類があります。国内の回線事業者には、NTT東日本、NTT西日本、KDDI、ソフトバンクなどがあります。通常、回線事業者との契約のみではインターネットとの接続はできないので、別途ISPとの契約が必要になります。

第72問

 スマートフォンやケーブルテレビを利用することで、インターネット接続において てどのような変化が生じているか? 最も適切な語句をABCDの中から1 つ選びなさい。

A：スマートフォンはケーブルテレビと同じ回線を使用している。

B：ケーブルテレビ会社と通信キャリアがISPと回線事業者の双方の 役割を果たしている。

C：通信キャリアはケーブルテレビ会社とは異なるISPサービスを提 供している。

D：回線事業者のみでインターネット接続が可能になった。

第73問

 次の文中の空欄[1]、[2]、[3]に入る最も適切な語句の組み合わせを ABCDの中から1つ選びなさい。

Yahoo! BBの[1]回線（非対称デジタル加入者線）や、NTTのフレッツ光 などの光回線（[2]を利用してデータを送受信する通信回線）による高速イ ンターネット接続サービスが登場した。それにより、[3]インターネットに接続 し、インターネットが使い放題になったため、急速にインターネット人口が増 えることになった。

A：[1]ASDL 　　　[2]光ライン 　　　[3]暫時

B：[1]ADSL 　　　[2]光ファイバー 　　　[3]常時

C：[1]ADSL 　　　[2]光ライン 　　　[3]常時

D：[1]ASDL 　　　[2]光ファイバー 　　　[3]常時

正解 B：ケーブルテレビ会社と通信キャリアがISPと回線事業者の双方の役割を果たしている。

　近年では回線とインターネット接続サービスの両方を同時に提供するケーブルテレビと契約した際や、スマートフォンを使った通信サービスを契約した際には回線事業者とISPを別々に契約することなく一定の通信料金をケーブルテレビ会社や、ドコモ、au（KDDI）、ソフトバンクなどの通信キャリアに支払うことによりインターネット接続ができるようになりました。こうしたシンプルなサービスが普及するにつれてユーザーの利便性が増すようになり、そのことがウェブの普及を推し進めることになりました。

正解 B：[1]ADSL　[2]光ファイバー　[3]常時

　Yahoo! BBのADSL回線（非対称デジタル加入者線）や、NTTのフレッツ光などの光回線（光ファイバーを利用してデータを送受信する通信回線）による高速インターネット接続サービスが登場しました。それにより、常時インターネットに接続し、インターネットが使い放題になったため、急速にインターネット人口が増えることになりました。

第74問

 次のうち、電子メールの通信プロトコルとその説明の組み合わせとして正しいものはどれか？ ABCDの中から1つ選びなさい。

A：POP3 - メールを送信、転送する通信プロトコル

B：SMTP - サーバー上にメールを保持しながら操作する通信プロトコル

C：SMTP - ユーザー名とパスワードを使用してメールサーバーに接続し、メールをダウンロードする通信プロトコル

D：IMAP - サーバー上にメールを保持したまま、複数のデバイスでメールの状態を共有することができる通信プロトコル

第75問

 次のうち、ファイルサーバーの定義として最も正しいものはどれか？ ABCDの中から1つ選びなさい。

A：ユーザーのログイン情報を管理するサーバー

B：インターネットの主要な通信路を提供するサーバー

C：さまざまなデータファイルが格納されているサーバー

D：ウェブページをホスティングするためのサーバー

正解　D：IMAP - サーバー上にメールを保持したまま、複数のデバイスで
　　　メールの状態を共有することができる通信プロトコル。

　電子メールの送信・受信をするためのサーバーのことで、POP3
サーバー、SMTPサーバー、そしてIMAPサーバーなどの種類があり
ます。

　POP3とはPost Office Protocol version 3の略で、メールの
受信側のユーザーがメールを読むときに使われる通信プロトコルで
す。ユーザー名とパスワードなどを利用してユーザー認証をした上で
メールサーバーに接続し、メールをダウンロードする役割を持ちます。

　SMTPサーバーとは、SMTP(Simple Mail Transfer Protocol)
と呼ばれる通信プロトコルで電子メールを送信、転送するのに使われ
ます。メールソフトの設定画面などでは「送信サーバー」「メール送信
サーバー」などと記載されていることもあります。

　また、IMAP(Internet Message Access Protocol)サーバー
もメールの受信に使われるプロトコルです。POP3とは異なり、サー
バー上にメールを保持したままメールを操作(読む、削除する、既読
にするなど)することが可能です。これにより、複数のデバイスから同
じメールアカウントにアクセスしたときにも同じ状態を共有することが
できます。

正解　C：さまざまなデータファイルが格納されているサーバー。

　ファイルサーバーは、さまざまなデータファイルが格納されている
サーバーです。

第76問

 次の文中の空欄[1]、[2]、[3]に入る最も適切な語句の組み合わせを
ABCDの中から1つ選びなさい。

 [1]とは、[2]信号を[3]信号に、また[3]信号を[2]信号に変換することで
コンピュータなどの機器が通信回線を通じてデータを送受信できるようにす

 る装置である。

A：[1]CPU 　　　　　　[2]デジタル 　　　　　[3]アナログ
B：[1]RAM 　　　　　　[2]アナログ 　　　　　[3]デジタル
C：[1]HDR 　　　　　　[2]デジタル 　　　　　[3]アナログ
D：[1]モデム 　　　　　[2]アナログ 　　　　　[3]デジタル

第77問

 次の文中の空欄[1]と[2]に入る最も適切な語句の組み合わせをABCD
の中から1つ選びなさい。

 [1]とは、コンピュータネットワークにおいて、[2]を2つ以上の異なるネットワー
ク間に中継する通信機器である。

A：[1]データ 　　　　　[2]ルーター
B：[1]ルーター 　　　　[2]FTC
C：[1]データ 　　　　　[2]ADSL
D：[1]ルーター 　　　　[2]データ

正解 D：[1]モデム　[2]アナログ　[3]デジタル

　モデムとは、アナログ信号をデジタル信号に、またデジタル信号を
アナログ信号に変換することでコンピュータなどの機器が通信回線を
通じてデータを送受信できるようにする装置です。

正解 D：[1]ルーター　[2]データ

　ルーターとは、コンピュータネットワークにおいて、データを2つ以
上の異なるネットワーク間に中継する通信機器です。高速のインター
ネット接続サービスを利用する現在では家庭内でも複数のパソコンや
スマートフォン、その他インターネット接続が可能な情報端末を同時
にインターネット接続する際に一般的に用いられるようになりました。
無線でLAN接続する際には無線LANルーター（Wi-Fiルーター）が用
いられています。

第78問

Q LANが構築される典型的なエリアとして最も適切なものはどれか？
ABCDの中から1つ選びなさい。

A：世界中の複数の国を繋ぐネットワーク

B：オフィスのフロアや建物内

C：アジア全体をカバーするネットワーク

D：大陸を横断するネットワーク

第79問

Q IPアドレスに関する次の記述のうち、正しいものはどれか？　ABCDの中から1つ選びなさい。

A：グローバルIPアドレスは、どのネットワーク上でも自由に重複して
　　使用することができる。

B：IPアドレスは、インターネットなどのTCP/IPネットワークに接続
　　されたデバイスの名前を表す。

C：プライベートIPアドレスは構内ネットワーク(LAN)などで自由に
　　使うことができる。

D：地球上にあるすべてのIPアドレスは、国際的な管理団体によって
　　個別に発行される。

正解 B：オフィスのフロアや建物内

　LANは、Local Area Networkの略であり、オフィスのフロアや建物内といったような狭いエリアで構築されたコンピュータネットワークのことです。

　銅線や光ファイバーなどを用いた通信ケーブルで機器間を接続するものを「有線LAN」、電波などを用いた無線通信（Wi-Fi）で接続するものを「無線LAN」といいます。

正解 C：プライベートIPアドレスは構内ネットワーク（LAN）などで自由に使うことができる。

　IPアドレスとは、Internet Protocol Addressの略で、インターネットなどのTCP/IPネットワークに接続されたコンピュータや通信機器の1台ごとに割り当てられた識別番号（住所番号）のことです。

　IPアドレスにはグローバルIPアドレスとプライベートIPアドレスがあります。同じネットワーク上ではアドレスに重複があってはならないため、インターネットで用いられるグローバルIPアドレスについては管理団体が申請に基づいて発行する形を取っています。

　一方、プライベートIPアドレスは構内ネットワーク（LAN）などで自由に使うことができます。

　IPアドレスは数字の組み合わせから構成され、4つのグループからなる数字の組み合わせを「.」（ドット）で区切ったものに決められました。

第80問

 Q DNSに関する次の説明の中で正しいものはどれか？　ABCDの中から1つ選びなさい。

A：DNSはドメイン名とMACアドレスの対応付けを管理するシステムである。

B：名前解決は、ドメイン名からIPアドレスを探す過程を指す。

C：正引きはIPアドレスからドメイン名を割り出す過程である。

D：DNSサーバーが停止すると、ネットワークの物理的な接続が途絶える。

第81問

 Q ドメイン名を維持するための料金に関する次の説明の中で正しいものはどれか？　ABCDの中から1つ選びなさい。

A：ドメイン名は一度登録すれば、追加の料金は発生しない。

B：ドメイン名の料金は毎月支払う必要がある。

C：料金の支払いを怠ると、ドメイン名を失い他人に取られる可能性がある。

D：ドメイン名の料金は5年に1回支払う必要がある。

正解　B：名前解決は、ドメイン名からIPアドレスを探す過程を指す。

　DNSはDomain Name Systemの略で、インターネット上でドメイン名と、IPアドレスとの対応付けを管理するために使用されているシステムのことです。ドメイン名とIPアドレスの対応関係をサーバーへの問い合わせによって明らかにすることを「名前解決」（name resolution）と呼びます。そして、ドメイン名から対応するIPアドレスを求めることを「正引き」（forward lookup）、逆にIPアドレスからドメイン名を割り出すことを「逆引き」reverse lookup）といいます。

　ドメイン名を管理しているDNSサーバーが停止してしまうと、そのドメイン内のホストを示すURLやメールアドレスの名前解決などができなくなり、ネットワークが利用者とつながっていてもそのドメイン内のサーバー類には事実上アクセスできなくなります。

正解　C：料金の支払いを怠ると、ドメイン名を失い他人に取られる可能性がある。

　ドメイン名を維持するためには毎年一定の料金を支払う必要があります。料金の支払いを怠ると使用する権利を失い他人にドメイン名が取られてしまうことがあります。

第8章

ウェブが発展した理由

第82問

Q 次の文中の空欄 [1]、[2]、[3] に入る最も適切な語句の組み合わせを ABCDの中から1つ選びなさい。

ウェブの発展に最も貢献したのが、[1]である。インターネットが家庭に広まりつつあった1980年代から1990年代にかけて米国では [2]、AOL、MSNが、国内では [3]、NECなどの大手電機メーカーがパソコン通信という各社独自の規格で運営するコンピュータネットワークを提供していた。

A：[1]先進性　　　　[2]Google　　　　[3]パナソニック

B：[1]オープン性　　[2]CompuServe　[3]富士通

C：[1]匿名性　　　　[2]Google　　　　[3]ソニー

D：[1]オープン性　　[2]Facebook　　　[3]富士通

第83問

Q ウェブの特性として最も正しいものはどれか？　ABCDの中から1つ選びなさい。

A：インターネットは特定の地域に限定された巨大なネットワークである。

B：ウェブは国境や特定の組織に制約されず、グローバルなネットワークである。

C：インターネットは少数の機関や企業がグローバルに展開し、運営している。

D：インターネットの情報は、ユーザーが直接取得することができない。

正解 B：[1]オープン性　[2]CompuServe　[3]富士通

　ウェブの発展に最も貢献したのが、オープン性（開放性）です。ウェブは特定の企業が独占的に運営するネットワークではありません。インターネットが家庭に広まりつつあった1980年代から1990年代にかけて米国ではCompuServe、AOL、MSNが、国内では富士通、NECなどの大手電機メーカーがパソコン通信という各社独自の規格で運営するコンピュータネットワークを提供していました。

正解 B：ウェブは国境や特定の組織に制約されず、グローバルなネットワークである。

　ウェブは、パソコン通信のような特定の企業が運営するのではなく、たくさんの企業が自由に参入でき、世界中にインターネット回線網を敷くことにより国境を越えたグローバルな世界ネットワークに発展しました。そして特定の国の政府だけが管理するものではないというボーダレスなネットワークであるという点もその発展の要因となりました。
　これによりインターネット回線に接続するユーザーは世界中のさまざまなジャンルの情報をパソコンなどの情報端末を使うことにより瞬時に取得できるという利便性を手に入れることになりました。

第84問

次の文中の空欄[　]に入る最も適切な語句をABCDの中から1つ選びなさい。

ウェブがユーザー参加型であるという性質を示す特徴として、[　]というものがある。[　]とはウェブサイトやオンラインサービス上で提供されるコンテンツのうち、ユーザーによって制作・生成されたものを指す。[　]にはユーザーの投稿した文章や画像、音声、動画などがある。

A：UGC

B：UCC

C：UMC

D：UGA

第85問

次の文中の空欄[1]、[2]、[3]、[4]に入る最も適切な語句の組み合わせをABCDの中から1つ選びなさい。

[1]は利用者の発信した情報や利用者間のつながりによってコンテンツを作り出す要素を持ったウェブサイトやネットサービスなどを総称する用語で、古くは電子掲示板やブログから、最近ではWikiや[2]、ミニブログ、ソーシャルブックマーク、ポッドキャスティング、動画共有サイト、動画配信サービス、

[3]、[4]の購入者評価欄などが含まれる。

A：[1]SNS　　　　　　　　　[2]ChatGPT
　　[3]口コミサイト　　　　　　[4]ショッピングサイト

B：[1]ソーシャルメディア　　　[2]SNS
　　[3]求人サイト　　　　　　　[4]ランキングサイト

C：[1]SNS　　　　　　　　　[2]ChatGPT
　　[3]求人サイト　　　　　　　[4]ランキングサイト

D：[1]ソーシャルメディア　　　[2]SNS
　　[3]口コミサイト　　　　　　[4]ショッピングサイト

正解 A：UGC

　ウェブがユーザー参加型であるという性質を示す特徴として、UGC（User Generated Content：ユーザー生成コンテンツ）というものがあります。UGCとはウェブサイトやオンラインサービス上で提供されるコンテンツのうち、ユーザーによって制作・生成されたものを指します。UGCにはユーザーの投稿した文章や画像、音声、動画などがあります。

正解 D：[1]ソーシャルメディア　　[2]SNS
　　　　　[3]口コミサイト　　　　　[4]ショッピングサイト

　ソーシャルメディアは利用者の発信した情報や利用者間のつながりによってコンテンツを作り出す要素を持ったウェブサイトやネットサービスなどを総称する用語で、古くは電子掲示板やブログから、最近ではWikiやSNS、ミニブログ、ソーシャルブックマーク、ポッドキャスティング、動画共有サイト、動画配信サービス、口コミサイト、ショッピングサイトの購入者評価欄などが含まれます。

第86問

Q ウェブの発展におけるネットワーク効果の意味とは何か？ 最も適切なもの
をABCDの中から1つ選びなさい。

A：ユーザーが増えれば増えるほどインターネット速度が向上する
　　現象

B：ユーザーが増えれば増えるほど、そのネットワークの価値と利便
　　性が高まる現象

C：ユーザーが増えるとその分、インターネットの負荷が減少して快
　　適性が増す現象

D：ユーザーが増えるとその分、ネットワークのセキュリティリスクが
　　増加する現象

第87問

Q 次の文中の空欄[　]に入る最も適切な語句をABCDの中から1つ選びな
さい。

ウェブが発展した理由の1つは、[　]、つまり小資本で起業ができることと、
市場に参入ができるということである。

A：ネットワーク効率の高さ

B：投資資金の多さ

C：投資効率の高さ

D：投資倍率の高さ

正解　B：ユーザーが増えれば増えるほど、そのネットワークの価値と利便
性が高まる現象

　ウェブが発展した4つ目の要因はネットワーク効果です。ネットワーク効果とは、ユーザーが増えれば増えるほど、ネットワークの価値が高まり、ユーザーにとっての利便性が高くなるという意味です。

　たとえば、電話の普及においては、電話を使うユーザーが増えれば増えるほどその利用価値は高まっていき、それがさらに多くのユーザーがその価値を得るために電話を購入し、ネットワークが拡大していき魅力的なものになります。これと同じことがウェブの発展を後押しすることになりました。

正解　C：投資効率の高さ

　ウェブが発展した理由の1つは、投資効率の高さ、つまり小資本で起業ができることと、市場に参入ができるということです。

第88問

 ウェブ1.0に関する記述として最も正確なものはどれか? ABCDの中から1つ選びなさい。

A：ウェブ1.0では主に動画コンテンツが人気だった。

B：ウェブ1.0は一部の人たちによる一方的な情報発信の形をとって
　　いた。

C：ウェブ1.0は多方向のコミュニケーションを特徴としていた。

D：ウェブ1.0はSNSの利用が主流であった。

第89問

ウェブの世界で影響力が非常に高いプラットフォーム企業の名称の組み合わせはどれか? ABCDの中から1つ選びなさい。

A：Google、Amazon、Softbank、Apple

B：Google、Apple、Instagram、Amazon

C：Google、Apple、Instagram、W3C

D：Google、Apple、META、Amazon

正解　B：ウェブ1.0は一部の人たちによる一方的な情報発信の形をとって
　　　　いた。

　ウェブ1.0はウェブを使った情報発信の方法を知る一部の人たちに
よる一方的な情報発信でした。ウェブ1.0は1990年代終わりまで続
いたテキスト情報中心のウェブサイトの閲覧という形の一方通行のコ
ミュニケーションの形を取ったものでした。

正解　D：Google、Apple、META、Amazon

　ウェブサイトはテキスト情報中心のものから、画像や動画が中心の
ものへと進化しました。このことを可能にしたのは巨大プラットフォー
ム企業であるGoogle、Apple、META、Amazonなどが提供するプ
ラットフォーム（サービスやシステム、ソフトウェアを提供するための共
通の基盤）でした。この時代は2000年代から現在まで続いています。

WEBMASTER CERTIFICATION TEST 4th GRADE

 Q ウェブの進化に関する次の記述の中で、正しい組み合わせを選びなさい。

A：ウェブ1.0 - ソーシャルネットワーキングとユーザー生成コンテン
　　ツが中心。

B：ウェブ3.0 - ブロックチェーン技術などの技術や概念と関連付け
　　られ、ウェブがより分散型のものになる。

C：ウェブ2.0 - 静的なテキストベースのウェブサイトが中心で、ユー
　　ザーは情報の消費者としての役割が主になる。

D：ウェブ1.0 - 3Dグラフィックスやブロックチェーン技術に重点を
　　置き、ユーザーが情報の生産者としての役割を担う。

正解 B：ウェブ3.0 - ブロックチェーン技術などの技術や概念と関連付けられ、ウェブがより分散型のものになる。

　ウェブ1.0はウェブを使った情報発信の方法を知る一部の人たちによる一方的な情報発信でした。ウェブ1.0は1990年代終わりまで続いたテキスト情報中心のウェブサイトの閲覧という形の一方通行のコミュニケーションの形を取ったものでした。

　ウェブ2.0はソーシャルメディアを使うことでそれまで受け身であったユーザーが情報を発信できる機会を提供しました。さらにはユーザー同士での自由なコミュニケーションが可能になり重要なコミュニケーション手段へと成長しました。

　ウェブ3.0は、巨大プラットフォーム企業が提供するサービスに依存することのないブロックチェーン技術（情報をプラットフォーム企業に蓄積するのではなく、各ユーザーに分散して管理する仕組み）を使った分散型のウェブであるといわれています。

第9章

応用問題

第91問

Q 次の画像中の[1]と[2]に入る最も適切な語句をABCDの中から1つ選びなさい。

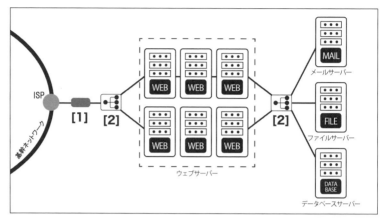

A：[1]LAN 　　　　　　[2]モデム
B：[1]ルーター 　　　　[2]ロードバランサー
C：[1]ロードバランサー [2]モデム
D：[1]LAN 　　　　　　[2]ロードバランサー

正解　B：[1]ルーター　　[2]ロードバランサー

　ルーターとは、コンピュータネットワークにおいて、データを2つ以上の異なるネットワーク間に中継する通信機器です。高速のインターネット接続サービスを利用する現在では家庭内でも複数のパソコンやスマートフォン、その他インターネット接続が可能な情報端末を同時にインターネット接続する際に一般的に用いられるようになりました。無線でLAN接続する際には無線LANルーター（Wi-Fiルーター）が用いられています。

　データベースサーバーは、データベースが格納されているサーバーです。これらのサーバー群がロードバランサー（負荷分散装置）に接続され、インターネットユーザーがウェブサイトやその他ファイルを利用します。

第92問

Q 次の図は何を説明しているものである可能性が最も高いか？　最も適切な語句をABCDの中から1つ選びなさい。

1回目

2回目

3回目

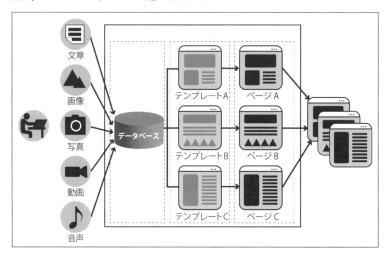

A：SDGの仕組み

B：CSSの仕組み

C：CGIの仕組み

D：CMSの仕組み

正解 D：CMSの仕組み

　　膨大な数のページ数があるウェブページを運営する際には、1つひとつ人間が手作業でHTMLファイルを作成するよりも、情報をデータベースに記録して、そのデータを呼び出して自動的にウェブページを作成するほうが効率的です。

　　データベースから情報を呼び出して自動的にウェブページを作成するサイトを「動的なウェブサイト」と呼びます。動的なウエブサイトにあるウェブページは、データベースから取り出したデータを、HTML雛型の指定された場所に埋め込むことで作られます。ブログやWordPressなどのCMSは動的なウェブサイトであり、その利便性のため現在公開されているウェブサイトの大半を占めるようになりました。

　　小規模なサイトで更新を頻繁に行わないサイトは静的なサイトでも運営できますが、大規模なサイトで頻繁に内容が更新されるサイトは動的なサイトにしたほうが便利です。

　　たとえば、サイト内に数千のウェブページがあったとします。その場合、それらすべてのページに何らかの文章を追加しようとしたときに、静的なHTMLファイルで1つひとつのページを作っていた場合、1つひとつのファイルを開いて追加しなくてはなりません。しかし、サーバーサイドプログラムで動的なウェブサイトを構築しておけば、データベースにその文章を1回追加するだけですべてのページに一瞬でそれが反映されます。

　　このことはページのデザインに関してもいえます。たとえば、すべてのページのある部分を変更しようとした場合、静的なウェブページでサイトが作られていると1つひとつのファイルを開いて変更する部分を編集しなくてはなりません。しかし、動的なウェブページでサイトが作られていれば1つのひな形ファイル（テンプレートファイル）に変更を加えるだけで一瞬で全ページにその変更が反映されます。

第93問

Q 次の図は何のソースコードか？　最も適切な語句をABCDの中から1つ選びなさい。

```
<HEADER>
<TITLE>The World Wide Web project</TITLE>
<NEXTID N="55">
</HEADER>
<BODY>
<H1>World Wide Web</H1>The WorldWideWeb (W3) is a wide-area<A
NAME=0 HREF="WhatIs.html">
hypermedia</A> information retrieval
initiative aiming to give universal
access to a large universe of documents.<P>
Everything there is online about
W3 is linked directly or indirectly
to this document, including an <A
NAME=24 HREF="Summary.html">executive
summary</A> of the project, <A
NAME=29 HREF="Administration/Mailing/Overview.html">Mailing lists</A>
, <A
NAME=30 HREF="Policy.html">Policy</A> , November's  <A
NAME=34 HREF="News/9211.html">W3  news</A> ,
```

A：W3CのICANが運営するウェブサイト

B：米国のIT分野で有名な大学のウェブサイト

C：世界で初めて作られた政府のウェブサイト

D：世界で初めて作られたウェブサイト

正解 D：世界で初めて作られたウェブサイト

　このソースコードは、世界で最初に公開されたウェブサイトのもので、ウェブを考案したティム・バーナーズ=リー博士によるもので1991年に公開されました。

第94問

Q 次の画像中の[1]に入る最も適切な語句をABCDの中から1つ選びなさい。

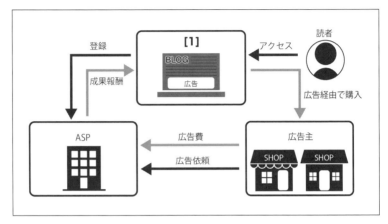

A：広告代理店

B：アフィリエイト

C：プラットフォーム

D：アフィリエイター

正解　D：アフィリエイター

　アフィリエイト広告とは、ユーザーが広告をクリックし、広告主のサイトで商品購入、会員登録などの成果が発生した際、その成果に対して報酬を支払う成果報酬型の広告です。

　アフィリエイト広告を掲載できるメディアには、大手マスメディアのサイトや、比較サイト、個人のアフィリエイターのブログ、そしてInstagram、TwitterなどのSNSなどがあります。

　アフィリエイト広告はリスティング広告とは違い、単にユーザーが広告をクリックだけで料金が発生するものではなく、商品購入、会員登録などの成果が発生した場合にだけ料金が発生するため企業にとって費用対効果が高い広告です。

　アフィリエイト広告を利用しようとするほとんどの企業はASPを利用します。ASPとは、アフィリエイトサービスプロバイダー（Affiliate Service Provider）の略で、広告主とアフィリエイターを仲介する企業のことです。

第95問

Q 次の画像中の[1]と[2]に入る最も適切な語句をABCDの中から1つ選びなさい。

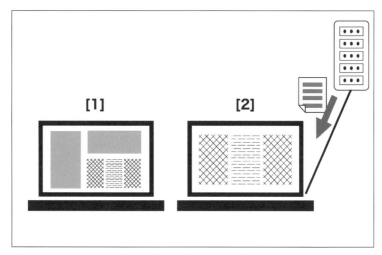

A：[1]クライアントサイド　　　[2]サーバーサイド
B：[1]サーバーサイド　　　　　[2]ユーザーサイド
C：[1]クライアントサイド　　　[2]デバイスサイド
D：[1]サーバーサイド　　　　　[2]クライアントサイド

正解 | A：[1]クライアントサイド　[2]サーバーサイド

　JavaScriptはパソコンやタブレット、スマートフォンなどのクライアント側のデバイス上でプログラムが実行される「クライアントサイド」のプログラムです。クライアントサイドのデバイスの処理能力には限りがあるためJavaScriptのようなクライアントサイドのプログラムは大量のデータを処理する検索には不向きです。

　一方、サーバーサイドプログラムはウェブサーバー上でプログラムが実行されるプログラムであるため、サーバーが持つたくさんの計算能力を使い、複雑で処理に長時間かかるようなプログラムでも高速で実行することができます。つまり、ユーザーが使うクライアントサイドのデバイスではパワー不足の処理でも、専門のエンジニアが管理する高機能なサーバーには十分なパワーがあるので、高速で処理ができるということです。

第96問

Q 次の図の[1]、[2]、[3]、[4]に入る最も適切な語句の組み合わせをABCD
の中から1つ選びなさい。

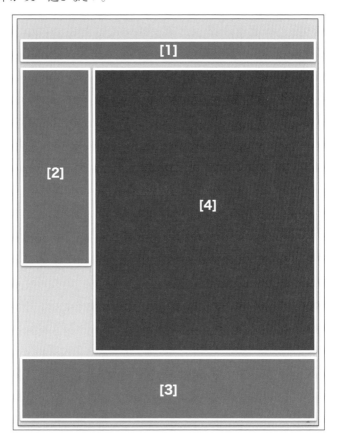

A：[1]ナビゲーションバー　　　　[2]サイドバー
　　[3]ヘッダー　　　　　　　　　[4]メインコンテンツ

B：[1]ナビゲーションバー　　　　[2]サイドバー
　　[3]フッター　　　　　　　　　[4]メインコンテンツ

C：[1]グローバルバー　　　　　　[2]サイドバー
　　[3]ヘッダー　　　　　　　　　[4]メインコンテンツ

D：[1]ナビゲーションバー　　　　[2]サイドバー
　　[3]フッター　　　　　　　　　[4]センターエリア

B：[1]ナビゲーションバー　[2]サイドバー　[3]フッター
　　[4]メインコンテンツ

　ナビゲーションバーとはウェブサイト内にある主要なページへリンクを張るメニューリンクのことです。主要なページへリンクを張ることからグローバルナビゲーションとも呼ばれます。通常は、全ページのヘッダー部分に設置されます。そのことからヘッダーメニュー、ヘッダーナビゲーションと呼ばれることもあります。

　サイドバーとはメインコンテンツの左横か、右横に配置するメニューリンクのことでサイドメニューとも呼ばれます。かつてはメインコンテンツの左横にサイドバーを配置するページレイアウトが主流でした。しかし、近年ではメインコンテンツを読みやすくするためにメインコンテンツの右横に配置するページレイアウトが増えてきています。特にブログのウェブページのほとんどは右にサイドバーが配置される傾向があります。

　フッターとはメインコンテンツの下の部分で全ページ共通の情報を掲載する場所です。フッターには各種SNSへのリンク、サイト内の主要ページへのリンク、自社が運営している他のウェブサイトへのリンク、注意事項、住所、連絡先、著作権表示などが掲載されていることがよくあります。

　メインコンテンツとはウェブページの中央にある最も大きな部分で、そのページで見るユーザーに伝えたい主要なコンテンツ（情報の中身）を載せる部分です。メインコンテンツには文章だけでなく、画像、動画、地図などを載せることができます。

第97問

Q 次の図は何の画面である可能性が最も高いか？　ABCDの中から1つ選びなさい。

トップページ	書誌データの作成および提供
新着情報	› 書誌データに関するお知らせ
国会関連情報	› 書誌データの基本方針と書誌調整
› 国会へのサービス	› 日本目録規則2018年版（NCR2018）について
› 調査及び立法考査局の刊行物（近刊）	› 書誌データ作成ツール
› 調査及び立法考査局刊行物一分野・国・地域別一覧	› 雑誌記事索引について
› 科学技術に関する調査プロジェクト	› 書誌データの提供
› 国会会議録・法令索引	› 書誌データQ&A
› 立法情報リンク集	› ISSN日本センター
資料・情報の利用	国際協力活動
› 所蔵資料	› 国際協力関係ニュース
› レファレンス・資料案内	› 資料の国際交換
› Webサービス一覧	› 各国図書館との交流
› 個人向けデジタル化資料送信サービス	› 日本研究支援のページ
› 図書館向けデジタル化資料送信サービス	

A：ページマップ

B：サイトマップ

C：ウェブマップ

D：リンクマップ

正解 B：サイトマップ

　サイトマップとはユーザーが探しているページがすぐに見つかるようにするためのサイト内リンク集のことをいいます。

　大規模なサイトにはたくさんのウェブページがあるために、ユーザーが探しているウェブページが見つからないことが多々あります。そうしたケースが増えるとユーザーがサイトから離脱してしまい成約率が下がるという事態を招くことになります。

　こうした事態を防ぐための配慮として今日では多くのサイトがサイトマップページを持つようになりました。そして、サイトマップページ自体にどのページからもアクセスができるように、ほとんどのウェブサイトはすべてのページのヘッダーか、フッターのメニューから下図のようにサイトマップページにリンクを張り、迷子になったユーザーに見てもらえるように配慮しています。

第98問

Q 次の画像中の[1]、[2]、[3]、[4]に入る最も適切な語句をABCDの中から
1つ選びなさい。

1回目

2回目

3回目

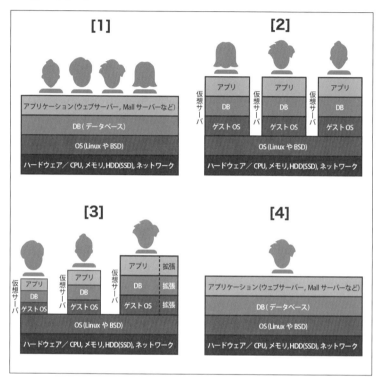

A：[1]専用サーバー　　　　[2]レンタルサーバー
　　[3]クラウドサーバー　　　[4]VPS

B：[1]クラウドサーバー　　　[2]VPS
　　[3]クラウドサーバー　　　[4]レンタルサーバー

C：[1]VPS　　　　　　　　　[2]レンタルサーバー
　　[3]専用サーバー　　　　 [4]クラウドサーバー

D：[1]レンタルサーバー　　　[2]VPS
　　[3]クラウドサーバー　　　[4]専用サーバー

正解　D：[1]レンタルサーバー　[2]VPS　[3]クラウドサーバー
　　　　　　[4]専用サーバー

　自社の事業所内にサーバーを設置しなくても、遠隔地にあるレンタ
ルサーバーを少額のレンタル料金を払うことにより利用できるように
なり、誰もが気軽にウェブサイトを公開できるという恩恵をもたらしま
した。ウェブサイトを公開するためのサーバーは通常、レンタルサー
バー会社が提供している共用サーバーと呼ばれるレンタルサーバー
を使用します。

　レンタルサーバーは共用サーバーの他に専用サーバーも提供して
います。専用サーバーとは、自社が1台まるごと専有できるプランで
す。自社専有なので他のユーザーの影響を受けません。月額費用は
数万円以上かかります。

　VPSとはVirtual Private Server（仮想専用サーバー）の略で、物
理サーバー上に構築した仮想サーバーを、ユーザーから見ると1台
の仮想サーバーを専有して利用できるようにしたものです。専用サー
バーと同等かそれ以上のカスタマイズ性がありながら、物理的に同じ
サーバーを他のVPSユーザーと共有するため共用サーバー並みの低
価格で利用できます。

　クラウドサーバーとは、VPSと同様に仮想サーバーを専有する利用
形態で、技術的にはVPSと基本的に変わりません。しかし、VPSは基
本的に1台ごとの契約のためメモリ、ディスク容量などのサーバーの
スペックを後から変更することに制限がある場合がある一方で、クラウ
ドサーバーは複数のサーバーを自由に構築することができるため、後
からサーバーのスペックを変更することができます。

第99問

Q 次の何のソースコードか？　最も適切な語句をABCDの中から1つ選びなさい。

```
img.wp-smiley,
img.emoji {
    display: inline !important;
    border: none !important;
    box-shadow: none !important;
    height: 1em !important;
    width: 1em !important;
    margin: 0 0.07em !important;
    vertical-align: -0.1em !important;
    background: none !important;
    padding: 0 !important;
}
```

A：XML
B：JavaScript
C：HTML
D：CSS

正解　D：CSS

　　見栄えを記述する専用の言語としてCSS（Cascading Style Sheet：通称、スタイルシート）が考案され使用されるようになりました。CSSの仕様もHTMLと同様にW3Cによって標準化されています。

　　CSSが広く普及したことによりウェブページは従来の単純なレイアウト、デザインから、印刷物などのより高いデザイン性のある媒体に近づくようになり、洗練されたものになってきました。

　　CSSを使うことにより、フォント（文字）の色、サイズ、種類の変更、行間の高低の調整などのページの装飾ができます。

第100問

Q 次の図は何の画面か？　最も適切な語句をABCDの中から1つ選びなさい。

1回目

2回目

3回目

販売業者の名称	株式会社　ランドマーク
運営統括責任者	笠原 健
販売業者の住所	〒163-1308 東京都新宿区西新宿6-5-1　新宿アイランドタワー8F
販売業者の連絡先	**フリーダイヤル**:0120-115-116　**TEL**:03-5909-3351（代表）　**FAX**:03-5909-3352 **メール**:info@l-m.co.jp
代表者	代表取締役会長　石井 和雄 代表取締役社長　石井 達也
商品の価格	各商品ごとに表示
支払期限	**銀行振込**：納期・お支払い総額確認メールに記載する期日内 **代金引換**：商品受け渡し時（現金） **クレジットカード**：商品発送月に課金対象 **後払い**：請求書発行・商品受け渡し後14日間以内
引き渡し時期(納期)	在庫のある商品は、ご注文後約2～4営業日後
商品代金以外の必要料金	加工料 送料（但し総額1万円以上は無料） 代金引換手数料（但し総額1万円以上は無料）
キャンセルについて	商品の交換または返品は受け付けないものとします。
不良品・返品・交換の取り扱い	お客様の都合で、返品・交換の場合は、商品到着後8日以内に連絡があった場合のみとさせて頂きます。その場合、返品送料はお客様負担となります。 商品のみを当社から購入後に、お客様の方でプリント加工をされる場合は、プリント後の交換・返品はできませんので、もし不良品があった場合はプリント加工前に交換・返品下さい。 但し、次の場合は返品・交換は致しかねますのでご了承ください。 　・ニット関係の商品　(Tシャツ/ポロシャツ/トレーナー/ジャージ類等) 　・お客様が既にご使用になられたもの 　・名入れ加工済みのもの 当社責任によりお客様にご迷惑をおかけしました場合は、当社にて負担いたしますので、着払いにてご返送ください。 返品交換が出来ない商品に関しては各商品ページ毎に記してあります。
お支払い方法	銀行振込：代金引換：クレジットカード：後払い

A：特殊商取引法に基づく表記

B：特定価格表示法に基づく表記

C：特定情報公開法に基づく表記

D：特定商取引法に基づく表記

正解　D：特定商取引法に基づく表記

　特定商取引法とは、事業者による違法・悪質な勧誘行為などを防止し、消費者の利益を守ることを目的とする法律です。具体的には、訪問販売や通信販売などの消費者トラブルを生じやすい取引類型を対象に、事業者が守るべきルールと、クーリングオフなどの消費者を守るルールなどを定めています。クーリングオフとは一定の契約に限り、一定期間、説明不要の無条件で申し込みの撤回または契約を解除できる法制度のことです。

　ウェブサイト上で物品・サービスを販売する場合は必ず「特定商取引法に基づく表記」を記載しなければなりません。特定商取引法に基づく表記に関するページには、事業者の正式名称、代表者名、住所、電話番号、メールアドレスなどの消費者庁によって定められた情報を記載する必要があります。これらの他にも返金が可能か、可能な場合の条件や送料を誰が負担するかなどの取引上の取り決めを記載することが求められます。

　こうした情報を事前にユーザーに見せることにより、購入後のトラブルを避けユーザーと販売者の両者のストレスを軽減することが可能になります。

・《出典》通信販売｜特定商取引法ガイド（消費者庁のサイト）
　URL　https://www.no-trouble.caa.go.jp/what/mailorder/

付 録

ウェブマスター検定4級
模擬試験問題

※解答は169ページ、解説は171ページ参照

第1問

Q：インターネットの歴史について正しい説明をABCDの中から1つ選びなさい。

A：インターネットの歴史はその前身であるERPANETの誕生からスタートした。ERPANETは、1960年代に開発された、世界で初めて運用されたパケット通信によるコンピュータネットワークである。

B：インターネットの歴史はその前身であるARPANETの誕生からスタートした。ARPANETは、1950年代に開発された、世界で初めて運用されたパケット通信によるコンピュータネットワークである。

C：インターネットの歴史はその前身であるARPANETの誕生からスタートした。ARPANETは、1980年代に開発された、世界で初めて運用された暗号化通信によるコンピュータネットワークである。

D：インターネットの歴史はその前身であるARPANETの誕生からスタートした。ARPANETは、1960年代に開発された、世界で初めて運用されたパケット通信によるコンピュータネットワークである。

第2問

Q：ITとは何の略か？　最も適切なものをABCDの中から1つ選びなさい。

A：Internet Technology

B：Information Technocracy

C：International Technocracy

D：Information Technology

第3問

Q：インターネットの定義に関して、最も正しい記述はどれか？　ABCDの中から1つ選びなさい。

A：インターネットは、HTTPのみを利用してコンピュータを相互に接続したネットワークのことである。

B：インターネットとは、インターネットプロトコル技術を利用してコンピュータを相互に接続したネットワークのことある。

C：インターネットは、必ずしもコンピュータ間の接続を意味するものではない。

D：インターネットは、ウェブと同義語で、すべてのネットワーク形態を総称するものである。

第4問

Q：次の文中の空欄[　]に入る最も適切な語句をABCDの中から1つ選びなさい。

[　]とは電子メールのやり取りに使われる通信プロトコルである。この技術によりインターネットユーザーは電話や郵便を使うことなく自由にメッセージをやり取りすることが可能になり、ユーザー同士のメッセージのやり取りが簡単になっただけでなく、瞬時にメッセージをやり取りできるという大きな利便性がもたらされた。

A：Simple Mail Transfer Protocol

B：Simple Mail Transaction Protocol

C：Simple E-mail Transfer Protocol

D：Sample Mail Translation Protocol

第5問

Q：FTPとは何の略か？　最も適切なものをABCDの中から1つ選びなさい。

A：File Transfer Protocol

B：File Transaction Protocol

C：File Transmission Protocol

D：File Translation Protocol

第6問

Q：IRCとは何か？　最も正しい説明をABCDの中から1つ選びなさい。

A：Internet Relation Chat(インターネットリレーションチャット)の略で、サーバーを介してクライアントとクライアントが会話をするチャットを行うための通信プロトコルである。

B：Internet Relay Chat(インターネットリレーチャット)の略で、サーバーを介してクライアントとプラットフォームが会話をするチャットを行うための通信プロトコルである。

C：Internet Relational Chat(インターネットリレーショナルチャット)の略で、クライアントを介してサーバーとサーバーが会話をするチャットを行うための通信プロトコルである。

D：Internet Relay Chat(インターネットリレーチャット)の略で、サーバーを介してクライアントとクライアントが会話をするチャットを行うための通信プロトコルである。

第7問

Q：HTTPとは何の略か？　最も正しい説明をABCDの中から1つ選びなさい。

A：Hypertext Transfer Protocol

B：Hyperlink Transfer Protocol

C：Hyperjump Transfer Protocol

D：Hyperlink Transition Protocol

第8問

Q：ウェブサイトが作られ始めた当初の状況として最も適切な説明をABCDの中から1つ選びなさい。

A：最初に大学や研究機関が運営する学術的なサイトが生まれ、その後、徐々にITに関するサイトが生まれ、旅行代理店のサイト、新聞社のサイトなどが生まれた。その一方でアダルトサイト、オンラインカジノ、出会い系サイトなどが生まれた。

B：最初にサーバーやデータベースを作るための技術的なサイトが生まれ、その後、徐々に報道に関するサイトが生まれ、広告代理店のサイト、大学のサイトなどが生まれまた。その一方で掲示板サイト、オンラインカジノ、出会い系サイトなどが生まれた。

C：最初に大学や研究機関が運営する学術的なサイトが生まれ、その後、徐々にパソコンに関するサイトが生まれ、広告代理店のサイト、自治体のサイトなどが生まれまた。その一方で出会い系サイト、オンラインオークション、交流サイトなどが生まれた。

D：最初にデータベースやHTMLを作るための技術的なサイトが生まれ、その後、徐々に広告に関するサイトが生まれ、リンク集サイト、政府のサイトなどが生まれまた。その一方で掲示板サイト、オンラインカジノ、アダルトサイトなどが生まれた。

第9問

Q：次の文中の空欄[1]と[2]に入る最も適切な語句の組み合わせをABCDの中から1つ選びなさい。

日本国内においては、[1]まで独自の検索エンジンYST（Yahoo! Search Technology）を使用していたYahoo! JAPANはYSTの使用をやめて、Googleをその公式な検索エンジンとして採用した。それは、Googleの絶え間ない検索結果の品質向上のための努力が認められたからに他ならない。今日では日本国内の検索市場の[2]のシェアをGoogleは獲得することになり、検索エンジンの代名詞ともいえる知名度を獲得した。

A：[1]2000年　　　　　[2]70％近く
B：[1]2005年　　　　　[2]80％近く
C：[1]2010年　　　　　[2]90％近く
D：[1]2015年　　　　　[2]100％近く

第10問

Q：次の文中の空欄[1]と[2]に入る最も適切な語句の組み合わせをABCDの中から1つ選びなさい。

特化型ポータルサイトには、業種別ポータルサイトのホットペッパービューティー、ホットペッパーグルメ、[1]、食べログ、地域別ポータルサイトの[2]、求人ポータルサイトのIndeed、タウンワークなどがある。

A：[1]Nifty　　　　　[2]Note
B：[1]SUUMO　　　　[2]エキテン
C：[1]エキテン　　　　[2]Note
D：[1]SUUMO　　　　[2]Nift

第11問

Q：1995年にスタートした日本国内で古いオンラインショッピングモールはどれか？　最も適切なものをABCDの中から1つ選びなさい。

A：Amazon

B：楽天市場

C：キュリオシティ

D：Yahoo!ショッピング

第12問

Q：次の文中の空欄[　]に入る最も適切な語句をABCDの中から1つ選びなさい。

チャットサービスとは、インターネットを通じてリアルタイムでテキスト、画像、ビデオなどのコミュニケーションを可能にするサービスのことである。代表的なものとしては[　]などがある。

A：Slack、Chatworks、Microsoft Teams、LINE

B：Slack、Chatbooks、Google Teams、LINE

C：Slack、Chatworks、Microsoft Office、LINE

D：Slack、Chatworks、Gmail Teams、LINE

第13問

Q：次の文中の空欄[1]と[2]に入る最も適切な語句の組み合わせをABCDの中から1つ選びなさい。

ブログの管理画面で管理者が書き込んだ情報は[1]に保存され、閲覧者がブログを訪問すると、[1]に保存されている情報からウェブページを[2]ので、追加された情報をすぐに見ることができる。ブログを持つことにより自分の考えや社会的な出来事に対する意見、物事に対する論評、商品やサービスに関する感想を誰もが自由に発信することが可能になる。

A：[1]メモリ　　　　　[2]クロールする

B：[1]データベース　　[2]検索する

C：[1]メモリ　　　　　[2]インデックスする

D：[1]データベース　　[2]生成する

第14問

Q：SNSとは何の略か？　最も適切なものをABCDの中から1つ選びなさい。

A：Social networking service

B：Socialmedia netplatform service

C：Social networks service

D：Socialmedia networking service

第15問

Q：次の文中の空欄[1]、[2]、[3]、[4]に入る最も適切な語句の組み合わせをABCD
の中から1つ選びなさい。

ウェブサイトは誕生当初、[1]で見られるものだったが、[2]の画面上でも見られる環境
が整うようになった。それらは移動中の環境で見られるという意味からモバイルサイト
と呼ばれるようになった。最初は[2]上で利用されるもので国内では1999年に[3]が
開発したiモードという専用ネットワーク内でスタートし、その後、[4]などの通信会社な
どがEZwebなどを開発し、携帯電話専用のモバイルサイトが利用されるようになった。
これらのネットワークは各社が開発した[2]専用のネットワーク内のみ利用可能で通常
の[1]からは見ることができないものだった。

A：[1]サーバー　　　[2]車載電話　　　[3]KDDI　　　　[4]NEC
B：[1]パソコン　　　[2]携帯電話　　　[3]NTTドコモ　　[4]ソフトバンク
C：[1]サーバー　　　[2]車載電話　　　[3]KDDI　　　　[4]NEC
D：[1]パソコン　　　[2]携帯電話　　　[3]NTTドコモ　　[4]KDDI

第16問

Q：モバイルアプリがモバイルサイトに比べて持つ優位性は次のうちどれか？　最も適
切なものをABCDの中から1つ選びなさい。

A：モバイルアプリは必ずしもインターネット接続が必要ではない。
B：モバイルアプリはホーム画面からブラウザなしで直接起動できる。
C：モバイルアプリはモバイルサイトよりもセキュリティー上安全である。
D：モバイルアプリはモバイルサイトよりもデザインが優れている。

第17問

Q：オンラインショッピングモールを利用するメリットに含まれにくいものは次のうちどれ
か？　ABCDの中から1つ選びなさい。

A：決済システムが利用できる
B：モールのポイントシステムが利用できる
C：物流サポート費がかからない
D：システム開発費がかからない

第18問

Q：ネットオークションはどのような商品の販売に最も適しているか？　最も適切なもの
をABCDの中から1つ選びなさい。

A：一般的な家庭用品や消費財
B：非売品や製造中止の商品
C：大量に在庫がある商品
D：最新のファッションアイテム

第19問

Q：次の文中の空欄[1]と[2]に入る最も適切な語句の組み合わせをABCDの中から1つ選びなさい。

アフィリエイト広告はリスティング広告とは違い、単にユーザーが広告を［1］するだけで料金が発生するものではなく、商品購入、会員登録などの成果が発生した場合にだけ料金が発生するため企業にとって[2]が高い広告です。

A：[1]クリック　　　　　[2]費用対効果
B：[1]事前購入　　　　　[2]露出効果
C：[1]事前設定　　　　　[2]費用対効果
D：[1]クリック　　　　　[2]波及効果

第20問

Q：次の文中の空欄[1]と[2]に入る最も適切な語句の組み合わせをABCDの中から1つ選びなさい。

[1]メールとは、顧客が商品・サービスを購入した際に、[2]に顧客に配信される電子メールである。

A：[1]ステップ　　　　　[2]一時的
B：[1]自動送信　　　　　[2]自動的
C：[1]ステップ　　　　　[2]段階的
D：[1]一斉配信　　　　　[2]同時的

第21問

Q：次の文中の空欄[　]に入る最も適切な語句をABCDの中から1つ選びなさい。

メールマガジン、ステップメール、自動送信メールなどの電子メールを配信するには、ウェブサイトにメール配信機能を追加するか、別途配信サービス会社と契約する必要がある。システム開発の予算がない場合は、[　]の利用料金をメールマガジン・ステップメール配信サービス会社に支払えばメールマガジンやステップメールを自由に配信することが可能である。

A：月額数百円から千円程度
B：月額数千円から1万円程度
C：月額数万円から10万円程度
D：月額数十万円から100万円程度

第22問

Q：無料ブログについて最も正しい記述をABCDの中から1つ選びなさい。

A：無料ブログはWordPressの一部である
B：無料ブログはソーシャルメディアの一部である
C：無料ブログはSNSの一部である
D：無料ブログはオウンドメディアとペイドメディアである

第23問

Q：自社サイト上で無料コンテンツや無料サービスを提供することの主な結果として、次の選択肢の中で正しいものはどれか？　ABCDの中から1つ選びなさい。

A：サイトのアクセス数が特に伸びることは期待できなく、多くの場合、売上も伸びない。

B：サイトの内容が誤解されやすくなるので、商品・サービスの詳細ページの作り込みに専念すべきである。

C：一定の割合のユーザーがサイト内の有料の商品・サービスを申し込む流れが生まれるようになる。

D：大きな広告宣伝費を使うことが絶対条件だが、それさえ使えば有料の商品・サービスを申し込む流れが生まれる。

第24問

Q：次の文中の空欄[1]と[2]に入る最も適切な語句の組み合わせをABCDの中から1つ選びなさい。

地図欄で上位表示するための取り組みは[1]と呼ばれている。地図欄で上位表示するにはさまざまな対策があるが、顧客に[2]を投稿してもらい高く評価してもらうこと、そしてそれらの[2]に企業側が丁寧に返事を投稿することが最も効果的な対策である。

A：[1]GEO　　　　　[2]意見
B：[1]MEO　　　　　[2]レビュー
C：[1]GMO　　　　　[2]口コミ
D：[1]CMO　　　　　[2]イメージ

第25問

Q：次の文中の空欄[1]、[2]、[3]に入る最も適切な語句の組み合わせをABCDの中から1つ選びなさい。

[1]が増えていけばいくほど、[2]ページにたどり着くのが困難になる。わかりやすくするためには同じ系統の情報ごとに[3]をすることである。

A：[1]サブページ　　　[2]アルゴリズムがチェックする　　　[3]カテゴリ分け
B：[1]運営するサイト　[2]アルゴリズムがチェックする　　　[3]インデックス
C：[1]サブページ　　　[2]ユーザーが見たい　　　　　　　[3]カテゴリ分け
D：[1]運営するサイト　[2]ユーザーが見たい　　　　　　　[3]インデックス

第26問

Q：JavaScriptについて最も正しい記述をABCDの中から1つ選びなさい。

A：JavaScriptは主にウェブページに動きを与える

B：JavaScriptは主にウェブページに動画を掲載する機能を与える

C：JavaScriptはPNGファイルと併用することによりウェブページに動きを与える

D：JavaScriptは主にPNDファイルと併用することによりセキュリティを強化する

第27問

Q：ウェブページで使用する音声ファイルの拡張子ではないものをABCDの中から1つ
選びなさい。

A：.wma

B：.bak

C：.mp3

D：.wav

第28問

Q：次の文中の空欄[　]に入る最も適切な語句をABCDの中から1つ選びなさい。

[　]とは、クライアント側のデバイス上ではなく、サーバー上で実行されるコンピュータ
プログラムのことです。

A：クライアントサイドプログラム

B：サーバーエンドプログラム

C：バックエンドプログラム

D：サーバーサイドプログラム

第29問

Q：サーバーサイドプログラムの種類に当てはまらないものはどれか？　ABCDの中か
ら1つ選びなさい。

A：PHP

B：Java

C：Perl

D：VBA

第30問

Q：次の文中の空欄[1]、[2]、[3]に入る最も適切な語句の組み合わせをABCDの
中から1つ選びなさい。

ヘッダーとはページの一番上の部分で、[1]の情報があるところである。通常、左側に
[2]の画像があり、その横にはサイト内検索窓やお問い合わせページへのリンクを
載せているサイトが多い傾向にある。[2]を押すと[3]にリンクを張ることが慣習になっ
ている。

A：[1]全ページ共通　　　[2]サイトロゴ　　　[3]トップページに戻るよう

B：[1]サイト運営者　　　[2]電話　　　　　[3]企業情報ページに戻るよう

C：[1]全ページ共通　　　[2]電話　　　　　[3]お問合せフォーム

D：[1]連絡先　　　　　　[2]SNSのロゴ　　[3]企業情報ページに戻るよう

第31問

Q：ローカルナビゲーションに関する説明として、最も正しいものはどれか？ ABCD
の中から1つ選びなさい。

A：ローカルナビゲーションは、サイト全体のページをナビゲートするリンクのことを
　　指す。

B：ローカルナビゲーションは、メインコンテンツと関連性の高いページへのリンク
　　を指す。

C：ローカルナビゲーションは、サイドバーに必ず表示される広告リンクのことを指す。

D：ローカルナビゲーションは、コンテンツの作者やサイト運営者の略歴を紹介する
　　リンクのことを指す。

第32問

Q：次の文中の空欄[1]と[2]に入る最も適切な語句の組み合わせをABCDの中か
ら1つ選びなさい。

モバイル版サイトのヘッダーには[1]が左か、右のどちらかに設置されている傾向が
ある。ナビゲーションバーがあるタイプ、ないタイプの両方があり、最近ではナビゲーショ
ンバーを設置しないで[1]に主要ページへのリンクを掲載するデザインが増えている。
[1]は[2]のアイコンのようなデザインであることが多いため[2]メニューと呼ばれるこ
とがある。

A：[1]ドロップダウンメニュー　　　　[2]ドロップ

B：[1]ポップアップメニュー　　　　　[2]ドロップ

C：[1]ドロップアップメニュー　　　　[2]ハンバーガー

D：[1]ポップアップメニュー　　　　　[2]ハンバーガー

第33問

Q：新着情報ページに関する以下の説明の中で、最も正確なものはどれか？
ABCDの中から1つ選びなさい。

A：新着情報ページは、「ニュース」「お知らせ」の2つの呼び名しか持たない。

B：新着情報ページには企業の最新情報だけが掲載され、サイト内の新しいページ
　　やブログ記事のリンクは掲載されない。

C：新着情報ページは1つのページに情報を順次追記する方式のみを採用している。

D：新着情報ページは情報を1つのページに追記する追記式と、新しいページを作
　　成してリンクする個別式の2種類の形式が存在する。

第34問

Q：次の文中の空欄[1]と[2]に入る最も適切な語句の組み合わせをABCDの中から1つ選びなさい。

サイト運営企業を信頼してもらうためのもう1つの材料としては企業がこれまで[1]から受賞した各賞の受賞歴を掲載するページを作る企業もある。[2]からの受賞や、関係する各種賞を受賞したときは賞の名称、賞を与えた団体名、受賞年月日などを掲載することにより信頼性が増すことがある。

A：[1]第三者　　　　　　[2]業界内で権威性が高い団体
B：[1]政府　　　　　　　[2]国際的に認知度が高い機関
C：[1]第三者　　　　　　[2]政府
D：[1]政府　　　　　　　[2]業界内で権威性が高い団体

第35問

Q：次の文中の空欄[1]と[2]に入る最も適切な語句の組み合わせをABCDの中から1つ選びなさい。

[1]のサイトでは取扱商品をサイト上では販売せずに、紹介するだけの商品案内ページがある。一方、物販のウェブサイト、オーダーメイドの商品を販売するサイトには[2]がある。[2]ではユーザーが商品をオンライン上で申し込み、クレジットカードや電子マネー、後払いサービスなどを使って決済することができる。

A：[1]卸業や仲介業　　　[2]商品販売ページ
B：[1]製造業や卸業　　　[2]商品販売ページ
C：[1]製造業や小売業　　[2]商品案内ページ
D：[1]製造業や卸業　　　[2]商品案内ページ

第36問

Q：建設業やウェブ制作業、システム開発業などの高額なサービスを提供している業界のサイトにおいて、料金情報を明示的に載せない理由として最も考えにくいものはどれか？　ABCDの中から1つ選びなさい。

A：料金情報が他社に流出する恐れがあるため
B：それらの業界は料金を載せることが法律で禁止されているため
C：高額な料金を載せるとユーザーからの問い合わせや申し込みが減少する可能性があるため
D：費用の計算が複雑で、サイトに載せることができないため

第37問

Q：ウェブ上で商品・サービスを販売する企業が競合他社との差別化を図り、ユーザーの信頼を勝ち取るために、ウェブサイトに何を追加すると効果的であるとされているか？　最も適切なものをABCDの中から1つ選びなさい。

A：より高品質な商品・サービスを紹介するページ
B：「当社の特徴」や「当社が選ばれる理由」というページ
C：他社との提携情報を示して信頼性を高めるページ
D：競合他社の詳細な情報を載せて自社の優位性を主張するページ

第38問

Q：ウェブ制作会社や動画制作会社が過去のプロジェクトをサイトに掲載する際、どの情報を含めることで信頼性を増すといわれているか？　最も適切なものをABCDの中から1つ選びなさい。

A：プロジェクトで使用したソフトウェアのリスト、コーディングの際の開発環境

B：プロジェクトの初期段階から完成に至るまでの詳細な流れや過程の説明

C：ビルの名前を含むクライアントの具体的な拠点やオフィスが所在する地域や住所

D：作品の画像や動画、クライアント名、プロジェクト名、作品で意図したことの詳細

第39問

Q：無料お役立ちページに当てはまりにくいものはどれか？　ABCDの中から1つ選びなさい。

A：用語集

B：商品詳細

C：ブログ

D：基礎知識

第40問

Q：個人が副業でサイトやブログを開いている場合について正しい記述はどれか？　ABCDの中から1つ選びなさい。

A：自治体政府からの特例措置があるので、運営者の住所や電話番号は記載しなくてよい

B：個人情報保護法で守られているので、運営者の住所や電話番号は記載しなくてよい

C：シェアオフィスや秘書サービスを利用してでも運営者の住所や電話番号を記載する

D：特定分野保護法で守られているので、運営者の住所や電話番号は記載しなくてよい

第41問

Q：次の文中の空欄［　］に入る最も適切な語句をABCDの中から1つ選びなさい。

［　］とは、企業のブランドが顧客に対して約束する商品・サービスの品質、機能、価値のことである。［　］をサイト上で表明することにより、ユーザーが抱く自社のイメージ作りを助けるとともに、信頼感を増すことが期待できる。

A：ブランドプロミス

B：コーポレートプロミス

C：カンパニープロミス

D：ブランドポリシー

第42問

Q：FAQとは何の略か？　最も適切なものをABCDの中から1つ選びなさい。

A：Frequently Asked Questions
B：Freely Asked Questions
C：Frequency Ask Questions
D：Freely Asked Question

第43問

Q：次の文中の空欄[1]と[2]に入る最も適切な語句の組み合わせをABCDの中から1つ選びなさい。

サイトを見たユーザーが疑問に思うことを記入するフォームが[1]であり。ほとんどのウェブサイトに組み込まれている必須ページである。フォームに記入されたユーザーの氏名や、連絡先、メールアドレス、質問事項などの情報は送信ボタンを押すとサイト運営者に送信される。送信するとすぐにユーザー宛てに情報をサイト運営者が受信した旨を自動メールでお知らせするとユーザーは安心する。返事は[2]ユーザーの不満が募ることになる。

A：[1]お問い合わせフォーム　　　　[2]遅くとも2営業日以内にしないと
B：[1]資料請求フォーム　　　　　　[2]2営業日以内にしないと
C：[1]資料請求フォーム
　　[2]翌日から1営業日、遅くとも2営業日以内にしないと
D：[1]お問い合わせフォーム
　　[2]即日から1営業日、遅くとも2営業日以内にしないと

第44問

Q：次の文中の空欄[1]と[2]に入る最も適切な語句の組み合わせをABCDの中から1つ選びなさい。

[1]サイトではお申し込みフォームだけではすべての受注を処理することが困難である。理由は、商品・サービスごとに選択すべき選択肢が異なっていることや、記入すべき項目が異なっているからである。そのようなサイトでは[2]を設置して受注をする。

A：[1]商品・サービスの種類が多数ある　　　[2]買い物かごシステム
B：[1]商品・サービスの価格帯が多数ある　　[2]自動見積システム
C：[1]商品・サービスの種類が複数ある　　　[2]自動見積システム
D：[1]商品・サービスの種類が複数ある　　　[2]買い物かごシステム

第45問

Q：次の文中の空欄[1]と[2]に入る最も適切な語句の組み合わせをABCDの中から1つ選びなさい。

サイト上で、一般消費者向けだけでなく、法人にも商品・サービスを案内、販売する場合は、それぞれを[1]と呼び、[2]を設置するサイトがある。

A：[1]取引先様、企業様　　　　　[2]消費者向けページ、企業向けページ

B：[1]個人様、法人様　　　　　　[2]法人向けサイト、取引先向けサイト

C：[1]消費者様、企業様　　　　　[2]消費者向けページ、企業向けページ

D：[1]個人様、法人様　　　　　　[2]個人向けページ、法人向けページ

第46問

Q：店舗紹介・施設紹介ページの作成において、ユーザーに良いインパクトを与えるために最も推奨される方法はどれか？　ABCDの中から1つ選びなさい。

A：できるだけ多くの写真を載せてページを充実させて消費者の購買意欲を高める

B：写真の質よりも、多くのテキスト情報を載せて店舗、施設の信用を高める。

C：写真はプロのカメラマンに撮影してもらい、その写真のキャプションも載せる。

D：写真撮影は特に重視せず、主に店舗のロゴや看板を大きく掲載する。

第47問

Q：サステナビリティに関する次の記述のうち、最も正確なものはどれか？　ABCDの中から1つ選びなさい。

A：サステナビリティは環境に関する考え方と投資家に対する姿勢を指す。

B：サステナビリティは企業の短期的な利益を重視する戦略を意味する。

C：サステナビリティは環境、社会、経済等の観点から持続可能性を考慮する考え方である。

D：企業の取り組みの中で、サステナビリティは商品のブランディングを主目的としている。

第48問

Q：次の記述のうち、最も正確なものはどれか？　ABCDの中から1つ選びなさい。

A：企業のウェブサイトは主に外部の人々に向けた全般的な情報提供の場である。

B：企業のウェブサイトは、その企業の現状や取り組みを反映するものと見なされることが多い。

C：現代の企業は、ウェブサイトのデザインよりもテキストや画像などの内容を重視すべきである。

D：一部の業界では、ウェブサイトの更新頻度はそれほど重要ではない。

第49問

Q：次の文中の空欄[1]と[2]に入る最も適切な語句の組み合わせをABCDの中から1つ選びなさい。

[1]は毎月一定の利用料金を支払うことにより、ユーザーのパソコンではなく、サービス提供者の[2]に設置されたソフトウェアの管理画面でウェブページを作成、編集できるものである。

A：[1]ホームページ作成サービス　　　[2]サーバー
B：[1]WordPress作成サービス　　　[2]サーバー
C：[1]ホームページ作成サービス　　　[2]クライアント
D：[1]WordPress作成サービス　　　[2]デバイス

第50問

Q：ASP型のホームページ作成サービスはウェブサイト全体の作成以外に、ウェブサイトの部分的な機能だけをレンタルで提供するものがある。それらに該当する組み合わせをABCDの中から1つ選びなさい。

A：予約システム、ショッピングカートシステム
B：ショッピング代行システム、商品申し込みシステム
C：予約カートシステム、ショッピングシステム
D：シッピングカートシステム、リザーブシステム

第51問

Q：代表的な高機能テキストエディタではないものはどれか？　ABCDの中から1つ選びなさい。

A：サクラエディタ
B：TeraPad
C：秀丸エディタ
D：CodEditor

第52問

Q：WordPressのデメリットに該当ししにくい組み合わせはどれか？　ABCDの中から1つ選びなさい。

A：細かいところをカスタマイズするにはPHPなどの知識が必要になる
B：特定の企業が提供するものではないためサポートを受けることができない
C：定期的なインデックスアップデートに対応しなくてはならない
D：遅いサーバーだとページが表示されないことがある

第53問

Q：次のURLの中でカナダの企業が運営しているウェブサイトである可能性が最も高いのはどれか？　ABCDの中から1つ選びなさい。

A：https://www.canadian-web.de

B：https://www.shanghai-shop.ca

C：https://www.maplesyrup.es

D：https://www.toronto-guide.cn

第54問

Q：次の文中の空欄[1]と[2]に入る最も適切な語句の組み合わせをABCDの中から1つ選びなさい。

ドメイン名に含まれる文字列（例：「sony.co.jp」の「sony」の部分）が他社が所有する[1]と同じまたは類似している場合は、[1]権を持つ企業に優先権が与えられているため取得したドメイン名を失うこともある。こうしたトラブルを避けるためにはドメイン名を取得する前に[1]の検索ができる[2]などを使い[1]登録されていないかを確認するべきである。

A：[1]特許　　　　　　　　[2]Google知財検索エンジン

B：[1]商標　　　　　　　　[2]特許情報プラットフォーム

C：[1]特許　　　　　　　　[2]特許情報プラットフォーム

D：[1]商標　　　　　　　　[2]Google知財検索エンジン

第55問

Q：データベースサーバーにインストールされるデータベース管理システムではないものはどれか？　ABCDの中から1つ選びなさい。

A：PostgreSQL

B：TimesaleDB

C：Oracle

D：MySQL

第56問

Q：次の文中の空欄[1]と[2]に入る最も適切な語句の組み合わせをABCDの中から1つ選びなさい。

[1]とは、[2]と同様に仮想サーバーを専有する利用形態で、技術的にはVPSと基本的に変わりません。しかし、[2]は基本的に1台ごとの契約のためメモリ、ディスク容量などのサーバーのスペックを後から変更することに制限がある場合がある一方で、[1]は複数のサーバーを自由に構築することができるため、後からサーバーのスペックを変更することができます。

A：[1]クラウドサーバー　　　　　　[2]VPS

B：[1]クラウドVPN　　　　　　　　[2]VPS

C：[1]クラウドサーバー　　　　　　[2]VPN

D：[1]クラウドベース　　　　　　　[2]VPG

第57問

Q：次の文中の空欄[1]と[2]に入る最も適切な語句の組み合わせをABCDの中から1つ選びなさい。

サーバーを開設し、DNSの設定をした後は、[1]にウェブサイトを構成するファイルをアップロードする。アップロードとは手元のコンピュータやスマートフォンなどの端末から、ネットワーク上の[1]にデータファイルを転送することをいう。反対にダウンロードとは、ネットワーク上の[1]から[2]にデータファイルを転送して保存することをいう。

A：[1]サーバー　　　　　[2]手元の端末
B：[1]クラウド　　　　　[2]FTPクライアントソフト
C：[1]サーバー　　　　　[2]クラウド
D：[1]手元の端末　　　　[2]サーバー

第58問

Q：ウェブサイトのファイルをアップロードした後の確認作業が重要である理由として、次のうち最も適切なものはどれか？　ABCDの中から1つ選びなさい。

A：ファイルのアップロード速度を向上させてユーザー体験を向上させるため。
B：ユーザーがサイトを訪問し、問い合わせや申し込みをしようとした際に機会損失を防ぐため。
C：ウェブサイトの色合いやフォントの確認をしてユーザー体験を高くするため。
D：ウェブサイトのトラフィックを増やして検索エンジンのクローラーにインデックスさせるため。

第59問

Q：HTTPステータスコードに含まれないものはどれか？　ABCDの中から1つ選びなさい。

A：403 Forbidden
B：503 Service Unavailable
C：500 Internal Gateway Error
D：408 Request Timeout

第60問

Q：次の文中の空欄[　]に入る最も適切な語句をABCDの中から1つ選びなさい。

[　]とは、Googleがサイト運営者のために提供する無料ツールである。登録することによりGoogleがサイトを見に来てくれるようになるだけでなく、サイト内に技術的な問題がある場合、どのような問題があり、それをどのように解決すべきかを教えてくれる機能がある。

A：ウェブマスターツール
B：Googleサーチコンソール
C：Googleアナリティクス
D：GA4

第61問

Q：TCP/IPとは何の略か？ 最も適切なものをABCDの中から1つ選びなさい。

A：Transition Control ProtocolとInternet Protocol

B：Transmission Communication ProtocolとInternet Protocol

C：Transmission Control ProtocolとInternet Protocol

D：Translation Control ProtocolとInternet Protocol

第62問

Q：次の記述の中で、ISPと回線事業者の違いと関係に関する正しいものはどれか？
最も正しいものをABCDの中から1つ選びなさい。

A：ISPは光回線の設備など物理的な部分を提供している。

B：回線事業者とISPは、基本的にどちらか一方とだけ契約すればインターネットを
利用することができる。

C：OCNやBIGLOBEは、回線事業者の代表的な企業である。

D：回線事業者は物理的な部分を提供し、ISPはインターネット接続サービスを提供
する。

第63問

Q：IXに関する説明として、最も正しいものはどれか？ ABCDの中から1つ選びな
さい。

A：IXは、各事業者が他のすべての事業者と1箇所の通信施設で相互接続できるよ
うにするための施設である。

B：IXはISPやコンテンツ事業者が独自の通信規格を持つために使用される特定の
施設である。

C：IXは、通信費用を増大させないための専用通信施設であり、各事業者は独自の
回線で接続することが許される。

D：IXは、一つのISPが他のすべてのISPと接続するための施設であり、国内だけで
なく世界的に展開されている。

第64問

Q：URLとは何の略か？ 最も適切なものをABCDの中から1つ選びなさい。

A：Uniform Resource Locator

B：Uniform Resource Location

C：United Recource Locator

D：Unified Resource Locator

第65問

Q：IMAPとは何の略か？ 最も適切なものをABCDの中から1つ選びなさい。

A：Internet Message Access Protocol

B：Internal Message Access Protocol

C：Internal Manage Access Protocol

D：Internet Manage Access Protocol

第66問

Q：クライアントとは何を指す言葉か？　最も適切な説明をABCDの中から1つ選びなさい。

A：ネットワーク上で情報を中心的に提供する機器。
B：情報のやり取りをする情報端末で、パソコンやスマートフォンなど。
C：インターネット接続サービスを提供する企業。
D：サーバーの保安を行うソフトウェア。

第67問

Q：高速インターネット接続サービスが普及する前に、電話料金の請求が高額になることがしばしばあった接続方法として一般的だったのは何か？　ABCDの中から1つ選びなさい。

A：ADSL回線
B：ダイヤルアップ接続
C：光ファイバー接続
D：モバイルWi-Fi

第68問

Q：ONUとは何の略か？　最も適切なものをABCDの中から1つ選びなさい。

A：Operational Network Unit
B：Optical Network Unit
C：Optional Network Unit
D：Optical Network Unity

第69問

Q：インターネットの発展とともにさまざまなブラウザが誕生した。ブラウザが誕生した順番として正しいものをABCDの中から1つ選びなさい。

A：Mosaic→Netscape Navigator→Internet Explorer→
　　Mozilla Firefox→Google Chrome
B：Mosaic→Internet Explorer→Netscape Navigator→
　　Mozilla Firefox→Google Chrome
C：Mosaic→Netscape Navigator→Mozilla Firefox→
　　Internet Explorer→Google Chrome
D：Mosaic→Netscape Navigator→Google Chrome→
　　Internet Explorer→Mozilla Firefox

第70問

Q：IPアドレスとドメイン名に関する次の記述のうち、正しいものはどれか？　ABCD の中から1つ選びなさい。

A：ドメイン名は、IPアドレスの数を削減するために作られた。

B：ドメイン名は、IPアドレスを人間にとって覚えやすくするために考案された。

C：1つのドメイン名は、必ず1つのIPアドレスのみに対応している。

D：「www.yahoo.co.jp」はIPアドレスの一例である。

第71問

Q：次の文中の空欄[1]と[2]に入る最も適切な語句の組み合わせをABCDの中から1つ選びなさい。

[1]がドメイン名を世界的に管理しています。国別ドメイン名は、[1]から委任された各国の「レジストリ」と呼ばれる組織が管理しています。日本では、[2]がJPドメイン名を管理する国内唯一のレジストリです。

A：[1]ICAN　　　　　　[2]JPRS

B：[1]ICANN　　　　　[2]JTRS

C：[1]ICAN　　　　　　[2]JTRS

D：[1]ICANN　　　　　[2]JPRS

第72問

Q：次の文中の空欄[　]に入る最も適切な語句をABCDの中から1つ選びなさい。

[　]という非営利の標準化団体がウェブで用いられる各種技術の標準化を推進している。

A：W2C

B：W3C

C：WCC

D：WSC

第73問

Q：パソコン通信の開設当初に関する次の説明の中で正しいものはどれか？ ABCDの中から1つ選びなさい。

A：開設当初のパソコン通信は、大きな発展を遂げた。

B：パソコン通信は開設当初から他のネットワークと接続することができた。

C：パソコン通信の利用者は開設当初から多数存在していた。

D：パソコン通信は基本的に他のネットワークとの接続ができないため、一部のユーザーのみが利用していた。

第74問

Q：次の文中の空欄[1]と[2]に入る最も適切な語句の組み合わせをABCDの中から1つ選びなさい。

ウェブブラウザ上で動作するプログラミング言語である[1]の仕様策定はECMA Internationalという会議が、写真などの画像ファイルのJPEGは[2]という会議が管理している。こうしたどの企業にもどの国家にも属さない中立的な標準化団体によりウェブの標準化が実現し、ウェブの発展に大きく貢献することになった。

A：[1]PHP 　　　　　　　[2]Joint Photographic Experts Group
B：[1]JavaScript 　　　　[2]Japan Photographic Experts Group
C：[1]PHP light 　　　　 [2]Joint Photograp Experts Group
D：[1]JavaScript 　　　　[2]Joint Photographic Experts Group

第75問

Q：ウェブの発展に寄与した特性として、従来のマスメディアと異なる点は何か？ABCDの中から1つ選びなさい。

A：ウェブは企業の発信のみを目的としている。
B：ウェブは一般ユーザーが自分の意見や質問などを投稿しにくい。
C：ウェブは一般ユーザーも情報を発信できるユーザー参加型である。
D：ウェブは情報を閲覧のみ可能で、情報発信は特定の機関に限られる。

第76問

Q：Facebook、Twitter、Instagram、LINEなどのプラットフォームが重視しているのはどのような機能か？　最も適切なものをABCDの中から1つ選びなさい。

A：アクティブユーザー同士のファイル転送
B：利用者同士のコミュニケーション
C：利用者たちのデータベース管理
D：汎用的なクラウドシステムの提供

第77問

Q：ネットワーク効果が生まれた有名な事例として有名なものは次のうちどれか？　最も適切なものをABCDの中から1つ選びなさい。

A：Hotmailの事例
B：Speedmailの事例
C：Hotspaceの事例
D：Myspaceの事例

第78問

Q：ウェブの発展によって、何に大きな事業機会が提供されたか？　最も適切な語句をABCDの中から1つ選びなさい。

A：無数の企業と個人

B：地域コミュニティ

C：特定の大手企業

D：環境保護団体

第79問

Q：次の文中の空欄 [1]、[2]、[3]に入る最も適切な語句の組み合わせをABCDの中から1つ選びなさい。

ウェブ1.0の後に、ウェブ2.0という概念が生まれた。それは[1]を使うことでそれまで受け身であった[2]が情報を発信できる機会を提供した。さらには[2]同士での自由な[3]が可能になり重要な[3]手段へと成長した。

A：[1]ソーシャルメディア　　　[2]ユーザー　　　　　[3]コミュニケーション

B：[1]オウンドメディア　　　　[2]企業　　　　　　　[3]商業

C：[1]ソーシャルメディア　　　[2]企業　　　　　　　[3]コミュニケーション

D：[1]オウンドメディア　　　　[2]法人や政府機関　　[3]商業

第80問

Q：ウェブ3.0に関する特徴として最も正確なものはどれか？　最も適切なものをABCDの中から1つ選びなさい。

A：ウェブ3.0は主にSNSの利用が増えることによりソーシャルメディアが発展するということを主な特徴としている。

B：ウェブ3.0はブロックチェーン技術を用いて情報を巨大プラットフォーム企業に情報を集約する仕組みである。

C：ウェブ3.0はブロックチェーン技術を使った分散型のウェブで、情報は各ユーザーに分散して管理される。

D：ウェブ3.0は主にビデオコンテンツが人気の時代であり、より多くのビデオコンテンツが分散して制作される。

（ウェブマスター）検定（4）級　試験解答用紙

AJSA 一般社団法人 全日本SEO協会
All Japan SEO Association

【試験時間】60分
【合格基準】得点率80%以上

【注意事項】
1. 受験する検定名と、級の数字を（　）内に入れて下さい。
2. 氏名とフリガナを記入して下さい。
3. 解答欄から答えを一つ選び黒く塗りつぶして下さい。
4. 訂正は消しゴムで消してから正しい番号を記入して下さい。
5. 携帯電話、タブレット、PC、その他デジタル機器の使用、書籍、紙等の使用は一切禁止です。試験前に必ず電源を切って下さい。
6. 解答が終わるまで途中退席は出来ません。
7. 解答が終わった方はいつでも退席を受験する方は開始時刻の10分前までに試験会場に戻って下さい。
8. 退席する時は試験官に解答用紙と問題用紙を渡して下さい。
9. 解答用紙は試験官に渡したらその後試験の継続は出来ません。10. 同日開催される他の試験を受験する方は試験会場に戻って下さい。【合否発表】合否通知は試験日より14日以内に郵送します。合格者には同時に認定証も郵送します。

フリガナ	
氏　名	

No.	解答欄	No.	解答欄	No.	解答欄	No.	解答欄	No.	解答欄	No.	解答欄
1	A B C D	15	A B C D	29	A B C D	43	A B C D	57	A B C D	71	A B C D
2	A B C D	16	A B C D	30	A B C D	44	A B C D	58	A B C D	72	A B C D
3	A B C D	17	A B C D	31	A B C D	45	A B C D	59	A B C D	73	A B C D
4	A B C D	18	A B C D	32	A B C D	46	A B C D	60	A B C D	74	A B C D
5	A B C D	19	A B C D	33	A B C D	47	A B C D	61	A B C D	75	A B C D
6	A B C D	20	A B C D	34	A B C D	48	A B C D	62	A B C D	76	A B C D
7	A B C D	21	A B C D	35	A B C D	49	A B C D	63	A B C D	77	A B C D
8	A B C D	22	A B C D	36	A B C D	50	A B C D	64	A B C D	78	A B C D
9	A B C D	23	A B C D	37	A B C D	51	A B C D	65	A B C D	79	A B C D
10	A B C D	24	A B C D	38	A B C D	52	A B C D	66	A B C D	80	A B C D
11	A B C D	25	A B C D	39	A B C D	53	A B C D	67	A B C D		
12	A B C D	26	A B C D	40	A B C D	54	A B C D	68	A B C D		
13	A B C D	27	A B C D	41	A B C D	55	A B C D	69	A B C D		
14	A B C D	28	A B C D	42	A B C D	56	A B C D	70	A B C D		

ウェブマスター検定4級
模擬試験問題解説

第1問

正解D：インターネットの歴史はその前身であるARPANETの誕生からスタートした。ARPANETは、1960年代に開発された、世界で初めて運用されたパケット通信によるコンピュータネットワークである。

　インターネットの歴史はその前身であるARPANETの誕生からスタートしました。ARPANETは、1960年代に開発された、世界ではじめて運用されたパケット通信によるコンピュータネットワークです。最初は米国の4つの大学の大型コンピュータを相互に接続するという小規模なネットワークでしたが、その後、世界中のさまざまな大学などの研究機関が運用するコンピュータがそのネットワークに接続するようになり、情報の交換が活発化しました。その後、1970年代にTCP/IPという情報交換のための通信プロトコル（インターネット上の機器同士が通信をするための通信規約（ルール）のこと）が考案され、インターネットと呼ばれるようになりました。

● 初期インターネットの概念図

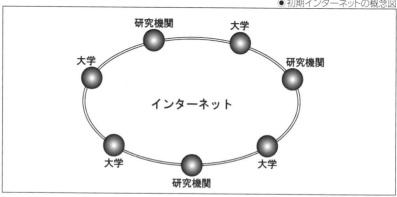

第2問

正解D：Information Technology

　ウェブサイトが作られ始めた当初は、大学や研究機関が運営する学術的なサイトばかりでした。その後、徐々にパソコン関連、プログラミング関連といったIT（Information Technology：情報技術）に関する情報を提供するサイトが生まれました。

第3問

正解B：インターネットとは、インターネットプロトコル技術を利用してコンピュータを相互に接続したネットワークのことある。

　インターネットという言葉の意味は、インターネットプロトコル（IP）技術を利用してコンピュータを相互に接続したネットワークのことです。ウェブという言葉はインターネットと同じ意味で用いられることが多いですが、実はインターネットの1つの形態にしか過ぎません。

　1970年代から1980年代にかけて考案されたインターネットプロトコル（IP）技術を利用して生まれた主要なコンピュータネットワークには、Telnet、SMTP、FTP、IRC、NNTP、HTTPがあります。

第4問

正解A：Simple Mail Transfer Protocol

SMTPとはSimple Mail Transfer Protocol（簡易メール転送プロトコル）の略で、電子メールのやり取りに使われる通信プロトコルです。この技術によりインターネットユーザーは電話や郵便を使うことなく自由にメッセージをやり取りすることが可能になり、ユーザー同士のメッセージのやり取りが簡単になっただけでなく、瞬時にメッセージをやり取りできるという大きな利便性がもたらされました。その後、インターネットの商用利用が始まったときも、インターネット上で企業が顧客とメッセージのやり取りすることを簡単にし、ウェブの商業化に大きく貢献しました。

第5問

正解A：File Transfer Protocol

FTPとはFile Transfer Protocol（ファイル転送プロトコル）の略で、ネットワーク上のクライアント（パソコンなどの端末）とサーバー（ネットワーク上で他のコンピュータに情報やサービスを提供するコンピュータ）の間でファイル転送を行うための通信プロトコルです。この技術を使うことによりウェブサイトの管理者は遠隔地にあるサーバーに自由にファイルを転送しウェブサイトの更新ができるようになりました。

この技術は後にウェブサイトが発明された際、自社の事業所内にサーバーを設置しなくても、遠隔地にあるレンタルサーバーを少額のレンタル料金を払うことにより利用できるようになり、誰もが気軽にウェブサイトを公開できるという恩恵をもたらしました。

第6問

正解D：Internet Relay Chat（インターネットリレーチャット）の略で、サーバーを介してクライアントとクライアントが会話をするチャットを行うための通信プロトコルである。

IRCとはInternet Relay Chat（インターネットリレーチャット）の略で、サーバーを介してクライアントとクライアントが会話をするチャットを行うための通信プロトコルです。

チャットサーバーに接続すると参加者が入力したテキスト（文字）のメッセージが即時に参加者全員に送信されるため、1対1の会話だけでなく、多人数での会話をすることも可能です。

今日ではこの原理を応用したビジネスチャットや顧客サポート用のチャットが普及し、企業で働く従業員同士のコミュニケーションや取引先とのコミュニケーション、そして企業が顧客からの質問や要望にスピーディーに対応することが可能になりました。

第7問

正解A：Hypertext Transfer Protocol

HTTPとはHypertext Transfer Protocol（ハイパーテキストトランスファープロトコル）の略で、ウェブページなどのコンテンツを送受信するために用いられる通信プロトコルです。このHTTPという通信プロトコルこそが、私たちが「ウェブ」と呼ぶワールドワイドウェブを支える基礎技術となり、ウェブを発展させることになりました。

第8問

正解A：最初に大学や研究機関が運営する学術的なサイトが生まれ、その後、徐々にITに関するサイトが生まれ、旅行代理店のサイト、新聞社のサイトなどが生まれました。その一方でアダルトサイト、オンラインカジノ、出会い系サイトなどが生まれた。

ウェブサイトが作られ始めた当初は、大学や研究機関が運営する学術的なサイトばかりでした。その後、徐々にパソコン関連、プログラミング関連といったIT（Information Technology：情報技術）に関する情報を提供するサイトが生まれました。

その後は個人の趣味に関するサイトが生まれウェブサイトの作成方法を習得したわずかな人々はこれまで紙媒体や無線などの電波でしか発信できなかった情報を自由に発信するようになりました。

そのころ同時に、商用目的のウェブサイトとして旅行代理店のサイト、新聞社のサイトなどが生まれました。ウェブ誕生初期に作られた企業サイトのほとんどはサイト上で直接、物やサービスを販売するものは非常に少なく、パンフレットのように情報量が少ない企業案内が目的のものばかりでした。当時の企業はどのようにウェブを活用して売り上げを増やすのかが明確にわからず、その方法を模索する時代でした。

その一方で人々の欲望を直截的に満たすアダルトサイト、オンラインカジノ、出会い系サイトのような物議を醸すサイトが増え収益を生むようになり、ウェブサイトは玉石混交の時代を迎えました。

第9問

正解C：[1]2010年　[2]90％近く

日本国内においては、2010年まで独自の検索エンジンYST（Yahoo! Search Technology）を使用していたYahoo! JAPANはYSTの使用をやめて、Googleをその公式な検索エンジンとして採用しました。それは、Googleの絶え間ない検索結果の品質向上のための努力が認められたからに他なりません。今日では日本国内の検索市場の90％近くのシェアをGoogleは獲得することになり、検索エンジンの代名詞ともいえる知名度を獲得しました。

第10問

正解B：[1]SUUMO　[2]エキテン

特化型ポータルサイトには、業種別ポータルサイトのホットペッパービューティー、ホットペッパーグルメ、SUUMO、食べログ、地域別ポータルサイトのエキテン、求人ポータルサイトのIndeed、タウンワークなどがあります。

第11問

正解C：キュリオシティ

国内のオンラインショッピングモール市場は大手資本が最初に進出したころに生まれ、その後に楽天、Yahoo! JAPAN、Amazonが進出し、近年ではZOZOTOWNなどの新興勢力がユーザーの支持を獲得し、支配的な地位を築くようになりました。1995年にインターネット関連事業に早くから取り組んできた三井物産が「キュリオシティ」をスタートした他、複数のショッピングモールが生まれました。1997年に楽天市場が、1999年にYahoo!ショッピングがスタートしました。

第12問

正解A：Slack、Chatworks、Microsoft Teams、LINE

　チャットサービスとは、インターネットを通じてリアルタイムでテキスト、画像、ビデオなどのコミュニケーションを可能にするサービスのことです。代表的なものとしてはSlack、Chatworks、Microsoft Teams、LINEなどがあります。

第13問

正解D：[1]データベース　[2]生成する

　ブログ（blog）とは「ウェブログ：weblog」（インターネット上で公開されている日常などの記録の意味）から派生した言葉で、ウェブサイト作成の専門的な知識がないユーザーでもウェブ上での情報発信拠点を持つことを可能にするシステムのことです。

　ブログの管理画面で管理者が書き込んだ情報はデータベースに保存され、閲覧者がブログを訪問すると、データベースに保存されている情報からウェブページを生成するので、追加された情報をすぐに見ることができます。

　ブログを持つことにより自分の考えや社会的な出来事に対する意見、物事に対する論評、商品やサービスに関する感想を誰もが自由に発信することが可能になります。

第14問

正解A：Social networking service

　SNSとは「Social networking service：ソーシャルネットワーキングサービス」の頭文字で、人と人との社会的なつながりを維持・促進するさまざまな機能を提供する、会員制のオンラインサービスのことです。

　友人・知人間のコミュニケーションを円滑にする手段や場を提供したり、趣味や嗜好、居住地域、出身校、あるいは「友人の友人」といった共通点やつながりを通じて新たな人間関係を構築する場を提供するサービスです。ウェブサイトや専用のスマートフォンアプリなどで閲覧・利用することができるものです。

　国内で人気のあるSNSには「Twitter」「Instagram」「Facebook」「LINE」「Pinterest」などがあります。

第15問

正解D：[1]パソコン　[2]携帯電話　[3]NTTドコモ　[4]KDDI

　ウェブサイトは誕生当初、パソコンなどのデスクトップ上で見られるものでしたが、携帯電話の画面上でも見られる環境が整うようになりました。それらは移動中の環境で見られるという意味からモバイルサイトと呼ばれるようになりました。

　最初は携帯電話上で利用されるもので国内では1999年にNTTドコモが開発したiモードという専用ネットワーク内でスタートし、その後、KDDIなどの通信会社などがEZwebなどを開発し、携帯電話専用のモバイルサイトが利用されるようになりました。

　これらのネットワークは各社が開発した携帯電話専用のネットワーク内のみ利用可能で通常のパソコンからは見ることができないものでした。

第16問

<u>正解B：モバイルアプリはホーム画面からブラウザなしで直接起動できる。</u>

　モバイルアプリはモバイルサイトと同様の機能を持つだけではなく、スマートフォンやタブレットのカメラやマイク、位置情報などの機能と連動し、より便利な機能をユーザーに提供できます。

　また、モバイルアプリはスマートフォンなどのモバイル端末のホーム画面（電源を入れて最初に表示される画面）にアイコンが表示されるので、ユーザーは画面をタッチするだけで起動できます。そのため、ウェブブラウザを使わないと閲覧できないモバイルサイトよりもユーザーに利用される可能性と頻度が高くなるという優位性を持つようになり、急速にユーザーの支持を集め普及するようになりました。

第17問

<u>正解C：物流サポート費がかからない</u>

　オンラインショッピングモールを利用するメリットには次のようなものがあります。
・モール側が集客した見込み客に自社商品を露出することができる
・モールの信用を利用できる
・ユーザー登録、配送先情報入力、クレジットカード情報の入力が不要になる
・モールのポイントシステムが利用できる
・システム開発費がかからない
・販売ノウハウをある程度モールが提供してくれる
・物流サポートが利用できる
・決済システムが利用できる
・メールマガジンが配信できる

第18問

<u>正解B：非売品や製造中止の商品</u>

　ネットオークションは希少性がある商品を売るのに最適な販売チャンネルです。どこの店舗でも買えるものではなく、輸入雑貨や期間限定商品、非売品、製造中止になったもの、人気ゲーム機など供給が少なく入手困難なものを売るのに適しています。

第19問

<u>正解A：[1]クリック　[2]費用対効果</u>

　アフィリエイト広告はリスティング広告とは違い、単にユーザーが広告をクリックだけで料金が発生するものではなく、商品購入、会員登録などの成果が発生した場合にだけ料金が発生するため企業にとって費用対効果が高い広告です。

第20問

<u>正解B：[1]自動送信　[2]自動的</u>

　自動送信メールとは、顧客が商品・サービスを購入した際に、自動的に顧客に配信される電子メールです。文面の内容は、無事に決済が完了して受注手続きが完了したことなどがあります。

第21問

正解B：月額数千円から1万円程度

　メールマガジン、ステップメール、自動送信メールなどの電子メールを配信するには、ウェブサイトにメール配信機能を追加するか、別途配信サービス会社と契約する必要があります。

　システム開発の予算がない場合は、月額数千円から1万円程度の利用料金をメールマガジン・ステップメール配信サービス会社に支払えばメールマガジンやステップメールを自由に配信することが可能です。

第22問

正解B：無料ブログはソーシャルメディアの一部である

　無料ブログとは無料で誰でもレンタルできるブログサービスのことです。代表的なものとしてはアメーバブログ（アメブロ）、ライブドアブログ、はてなブログなどがあります。

　誰もが無料で情報発信をできるという意味で無料ブログもソーシャルメディアの一部です。

　企業が無料ブログを使って集客するためにはSNSや動画と同様に商品・サービスの宣伝ばかりをするのではなく、無料お役立ち記事を投稿することが効果的です。

第23問

正解C：一定の割合のユーザーがサイト内の有料の商品・サービスを申し込む流れが生まれるようになる。

　ユーザーにとってメリットがある無料コンテンツや無料サービスが自社サイト内にあり、それらの価値が高いと評価されたときには、他者がサイトやブログ、SNSなどで紹介をしてくれるようになります。また、紙媒体の雑誌での紹介や、テレビや新聞などのマスメディアで紹介されることもあります。

　一定の時間と予算をかけて見込み客に有益な無料コンテンツ・無料サービスをサイト上で提供すれば、大きな広告宣伝費を使わずに、口コミで自社サイトの存在を多くの見込み客が認知して、サイトのアクセス数が増えます。そして、サイトを訪問するユーザーの中で一定の割合のユーザーがサイト内にある他のページへのリンクをクリックして有料の商品・サービスを申し込んでくれるという流れが生まれます。

第24問

正解B：[1]MEO　[2]レビュー

　地図欄で上位表示するための取り組みはMEO（Map Engine Optimi zation：地図検索エンジン最適化）と呼ばれます。地図欄で上位表示するにはさまざまな対策がありますが、顧客にレビュー（口コミ）を投稿してもらい高く評価してもらうこと、そしてそれらのレビューに企業側が丁寧に返事を投稿することが最も効果的な対策です。

第25問

正解C：[1]サブページ　[2]ユーザーが見たい　[3]カテゴリ分け

　サブページが増えていけばいくほど、ユーザーが見たいページにたどり着くのが困難になります。わかりやすくするためには同じ系統の情報ごとにカテゴリ分けをすることです。

第26問

正解A：JavaScriptは主にウェブページに動きを与える

　JavaScriptとはブラウザ上で実行されるスクリプト言語のことです。スクリプト言語とは、アプリケーションソフトウェアを作成するための簡易的なプログラミング言語の一種です。JavaScriptを使うとHTMLやCSSだけではできないことが実現できます。

　HTMLはウェブページの文書構造を作るためのもので、CSSはそのHTMLにレイアウトやデザインという装飾を加えるものです。そしてJavaScriptはそれらに動きを加える役割を持っています。近年のCSSの一部では動きを加える機能が追加されていますが、その機能は限定的であり、CSSとJavaScriptを組み合わせることにより幅広い動きをウェブページに加えることが可能です。

　JavaScriptもCSSと同様にHTMLファイル内に記述することができます。しかし、このやり方を多用するとHTMLファイル内のどこにJavaScriptを記述したかを覚えるのが難しくなり後々管理をすることが難しくなってしまいます。

第27問

正解B：.bak

　ウェブページで使用する音声ファイルには次のものがあります。

・MP3（エムピースリー）（拡張子「.mp3」）
・WAVE形式（ウェーブ）（拡張子「.wav」）
・WMA（拡張子「.wma」）

第28問

正解D：サーバーサイドプログラム

　サーバーサイドプログラムとは、クライアント側のデバイス（情報端末）上ではなく、サーバー上で実行されるコンピュータプログラムのことです。

第29問

正解D：VBA

　動的なウェブページは、JavaやPHPなどのサーバーサイドプログラムによって作成されます。サーバーサイドプログラムには主に次の種類があります。

・Java
・Perl
・PHP
・Ruby

第30問

正解A：[1]全ページ共通　[2]サイトロゴ　[3]トップページに戻るよう

　ヘッダーとはページの一番上の部分で、全ページ共通の情報があるところです。通常、左側にサイトのロゴ画像があり、その横にはサイト内検索窓やお問い合わせページへのリンクを載せているサイトが多い傾向にあります。サイトロゴを押すとトップページに戻るようにリンクを張ることが慣習になっています。

第31問

正解B：ローカルナビゲーションは、メインコンテンツと関連性の高いページへのリンクを指す。

　サイドバーはメインコンテンツに関連性が高いページへリンクを張ることからローカルナビゲーションとも呼ばれます。ローカルナビゲーションとは、メインコンテンツに関連性が高いページにユーザーをナビゲート(誘導)するリンクのことです。

　たとえば、メインコンテンツで自動車を紹介している場合、自動車に興味があるユーザーは、サイドバーには他の自動車を紹介するページにリンクを張ったり、自動車関連グッズを紹介するページにリンクを張ったほうが、自動車とまったく関係ないパソコンのページなどにリンクを張るよりも、利便性が高まるという考えからローカルナビゲーションという概念が生まれました。

　また、サイドバーにはこうしたメニューリンクの他にも、コンテンツの作者やサイト運営者の略歴、広告リンクが掲載されることもあります。

第32問

正解D：[1]ポップアップメニュー　[2]ハンバーガー

　モバイル版サイトのヘッダーにはポップアップメニューが左か、右のどちらかに設置されている傾向があります。

　ナビゲーションバーがあるタイプ、ないタイプの両方があり、最近ではナビゲーションバーを設置しないでポップアップメニューに主要ページへのリンクを掲載するデザインが増えています。

　ポップアップメニューはハンバーガーのアイコンのようなデザインであることが多いためハンバーガーメニューと呼ばれることがあります。

第33問

正解D：新着情報ページは情報を1つのページに追記する追記式と、新しいページを作成してリンクする個別式の2種類の形式が存在する。

　新着情報ページは、「ニュース」「お知らせ」「What's New」とも呼ばれるページで、企業や店舗での最近の出来事や新商品・新サービスの発表など顧客への発表事項を掲載するページです。

　これら以外にもサイト内に最近追加されたページやブログ記事などの表題とリンクを掲載することもあります。

　新着情報ページは1つのページに上から順番に新しい情報を載せる追記式と、毎回新しいページを作成して新着情報ページからリンクを張る個別式の2種類があります。

第34問

正解A：[1]第三者　[2]業界内で権威性が高い団体

　サイト運営企業を信頼してもらうためのもう1つの材料としては企業がこれまで第三者から受賞した各賞の受賞歴を掲載するページを作る企業もあります。

　業界内で権威性が高い団体からの受賞や、関係する各種賞を受賞したときは賞の名称、賞を与えた団体名、受賞年月日などを掲載することにより信頼性が増すことがあります。

　また、製造業やIT、セキュリティの業界の場合は審査が厳しく、取得するのに数々の関門をくぐり抜ける必要があるステータスが高い認証機関の認証名を列挙しているところもあります。

第35問

正解B：[1]製造業や卸業　[2]商品販売ページ

　製造業や卸業のサイトでは取扱商品をサイト上では販売せずに、紹介するだけの商品案内ページがあります。

　一方、物販のウェブサイト、オーダーメイドの商品を販売するサイトには商品販売ページがあります。商品販売ページではユーザーが商品をオンライン上で申し込み、クレジットカードや電子マネー、後払いサービスなどを使って決済することができます。

　商品販売ページには商品の名称、説明文、仕様、価格などの商品詳細を記載するだけでなく、ユーザーから信頼してもらうために過去の購入者からの評価やコメントを表示するものが増えています。

第36問

正解B：それらの業界は料金を載せることが法律で禁止されているため

　サービス業の場合は、ユーザーがそのサービスを利用するのにかかる料金、費用を明確に表記することによりユーザーが安心して申し込み、または問い合わせをすることが可能になります。

　そのため、サービス案内ページだけでなく、詳しい料金体系を説明するための料金表ページを持っているサイトが多数あります。

　しかし、建設業や、ウェブ制作業、システム開発業などのように料金が何十万円、何百万円などと高額なサービスを提供している業界のサイトでは、あえて料金表ページを作らず、サービス案内ページにも料金や費用の情報は載せないことがよくあります。

　あまりにも高額な料金を載せることによりユーザーからの問い合わせや、申し込みが激減することがあるからです。このような高額なサービスを提供している業界のサイトでは料金についてはまったく触れずに「お問い合わせください」または「無料相談はこちらから」という言葉を記載し、お問い合わせフォームや無料相談フォームページに誘導するか、「お見積もりはこちらから」という言葉を記載して見積もり依頼フォームページへ誘導することが効果的です。

第37問

正解B：「当社の特徴」や「当社が選ばれる理由」というページ

　ウェブ上で商品・サービスを販売する企業が増える中で、日に日にその競争は激しくなっています。同じ分野に多数の販売事業者がいる場合、ユーザーは自分の欲求を満たしてくれそうな企業の商品・サービスを選ばねばなりません。

　その際にユーザーは複数の企業のウェブサイトを比較します。各社の商品・サービスの違いが明確ならば決めやすいのですが、違いがない場合はその中で最も信頼できそうなところに申し込む可能性があります。あるいは比較検討した結果、ある企業のサイトで販売している商品・サービスを最も気に入ったとしてもそれを販売する企業が信頼できない場合は候補から外されてしまうリスクがあります。

　こうしたときのために、ウェブサイト上に「当社の特徴」や「当社が選ばれる理由」というページを作り、そこに自社を競合他社と比べたときにどのようなユニークな特徴があるのかを箇条書きなどで記載します。そうすると競合他社と差別化でき、ユーザーが「ここで買いたい」「ここが一番信頼できそうだ」と判断してくれる確率が高まります。

第38問

正解D：作品の画像や動画、クライアント名、プロジェクト名、作品で意図したことの詳細

　ウェブ制作会社や、デザイン会社、動画制作会社などの制作・デザイン会社のサイトに過去の作品例を載せるようになったら問い合わせが増えたという声がよく聞かれます。

　ウェブ制作会社や動画制作会社は過去にクライアントに納品した作品の制作事例を画像、または動画とクライアント名、プロジェクト名、できればその作品で意図したことは何かなどという詳細も添えると信頼性を増すことが期待できます。

第39問

正解B：商品詳細

　ユーザーが知りたそうなこと、悩んでいると思われることを予想して、それらの問題、課題を解決するためのアドバイスや、ユーザーが知りたい言葉の意味の解説をする「無料お役立ちページ」を作ることによりユーザーが検索エンジン経由でサイトを訪問してくれるようになります。無料お役立ちページには次のようなものがあります。

・コラム　　　　　・基礎知識　　　　・用語集
・ブログ　　　　　・お役立ち資料

第40問

正解C：シェアオフィスや秘書サービスを利用してでも運営者の住所や電話番号を記載する

　個人が副業でサイトやブログを開いている場合は自宅の住所や電話番号を記載できないことがありますが、サイト訪問者が連絡できるように配慮しないとユーザーからの信用を獲得することは極めて困難になります。そういった場合は、月額数千円から数万円の料金がかかりますが、シェアオフィスや秘書サービスなどを提供する企業と契約して住所と電話番号を借りることもできます。

第41問

正解A：ブランドプロミス

　ブランドプロミス（ブランドの約束）とは、企業のブランドが顧客に対して約束する商品・サービスの品質、機能、価値のことです。顧客から自社のブランドをどう思われたいかを考え、その中で自社が実際に約束できることを考えて決めます。

　ブランドプロミスをサイト上で表明することにより、ユーザーが抱く自社のイメージ作りを助けるとともに、信頼感を増すことが期待できます。

第42問

正解A：Frequently Asked Questions

　FAQとは、「Frequently Asked Questions」の略で、「頻繁に聞かれる質問」の意味です。一般的には「よくいただくご質問」「よく聞かれる質問」といわれるページです。

第43問

正解D：[1]お問い合わせフォーム　[2]即日から1営業日、遅くとも2営業日以内にしないと

　サイトを見たユーザーが疑問に思うことを記入するフォームが「お問い合わせフォーム」です。ほとんどのウェブサイトに組み込まれている必須ページです。フォームに記入されたユーザーの氏名や、連絡先、メールアドレス、質問事項などの情報は送信ボタンを押すとサイト運営者に送信されます。

　送信するとすぐにユーザー宛てに情報をサイト運営者が受信した旨を自動メールでお知らせするとユーザーは安心します。返事は即日から1営業日、遅くとも2営業日以内にしないとユーザーの不満が募ることになります。返事は早めに出す必要があります。

第44問

正解A：[1]商品・サービスの種類が多数ある　[2]買い物かごシステム

　商品・サービスの種類が多数あるサイトではお申し込みフォームだけではすべての受注を処理することが困難です。理由は、商品・サービスごとに選択すべき選択肢が異なっていることや、記入すべき項目が異なっているからです。そのようなサイトでは買い物かご（ショッピングカート）システムを設置して受注をします。

第45問

正解D：[1]個人様、法人様　[2]個人向けページ、法人向けページ

　サイト上で、一般消費者向けだけでなく、法人にも商品・サービスを案内、販売する場合は、それぞれを個人様、法人様と呼び、個人向けページ、法人向けページを設置するサイトがあります。

　そして、個人様向けページからリンクするページは他の個人向けのコンテンツがあるページだけにリンクを張り、法人向けページからは法人向けのコンテンツのあるページだけにリンクを張ることによりそれぞれのユーザー層がサイト内で迷子になることを防ぐことを目指せます。

第46問

正解C：写真はプロのカメラマンに撮影してもらい、その写真のキャプションも載せる。

　店舗紹介・施設紹介ページとは、店内、事業所内を主に写真で紹介するページのことです。病院、クリニック、整体、整骨院、エステサロン、習い事、会場を貸し出す業界、観光業界などの来店型ビジネスのサイトでは来店時のイメージをユーザーに抱いてもらうための重要なページです。

　写真撮影が上手な担当者に撮影してもらうかプロのカメラマンに撮影してもらいユーザーによいインパクトを与えるよう心がけるべきです。写真の周囲にはその写真の簡単な説明をキャプションとして載せ、自社の店舗、事業所の特徴をアピールするとよいでしょう。

第47問

正解C：サステナビリティは環境、社会、経済等の観点から持続可能性を考慮する考え方である。

　サステナビリティとは、広く環境・社会・経済の3つの観点からこの世の中を持続可能にしていくという考え方のことをいいます。その中でも特に、企業が事業活動を通じて環境・社会・経済に与える影響を考慮し、長期的な企業戦略を立てていく取り組みは、コーポレート・サステナビリティと呼ばれています。

第48問

正解B：企業のウェブサイトは、その企業の現状や取り組みを反映するものと見なされることが多い。

　ウェブが普及した現代では、企業のウェブサイトはそれを運営する企業の写し鏡であるともいわれます。企業に興味を持った人が最初に見ようとするのがその企業のウェブサイトです。停滞したウェブサイトは停滞した企業である印象を見込み客だけでなく、取引先、金融機関、求職者に与えることにもなり企業に経済的なダメージを与えることにもなりかねません。いつも新鮮な情報と先進的なデザインのウェブサイトを維持することがすべての企業にとって重要な課題となりました。

第49問

正解A：[1]ホームページ作成サービス　[2]サーバー

　ホームページ作成サービスは毎月一定の利用料金を支払うことにより、ユーザーのパソコンではなく、サービス提供者のサーバーに設置されたソフトウェアの管理画面でウェブページを作成、編集できます。

第50問

正解A　予約システム、ショッピングカートシステム

　ASP型のホームページ作成サービスはウェブサイト全体の作成以外に、ウェブサイトの部分的な機能だけをレンタルで提供するものがあります。それらには次のようなものがあります。

・予約システム　・ショッピングカートシステム

第51問

正解D：CodEditor

　代表的な高機能テキストエディタには次のようなものがあります。

・TeraPad（Windows版のみ）
・サクラエディタ（Windows版のみ）
・秀丸エディタ（Windows版のみ）
・CotEditor（macOS版のみ）
・Visual Studio Code（Windows版、macOS版の両方）

　これらは無料または非常に安い料金で利用することができます。

第52問

正解C：定期的なインデックスアップデートに対応しなくてはならない

　WordPressは非常に便利なCMSですが、次のようなデメリットもあります。

・セキュリティが弱い
・遅いサーバーだとページが表示されないことがある
・定期的なアップデートに対応しなくてはならない
・特定の企業が提供するものではないためサポートを受けることができない
・細かいところをカスタマイズするにはPHPなどの知識が必要になる

第53問

正解B：https://www.shanghai-shop.ca

　ドメイン名にはさまざまな種類があります。サイト運営者の居住する国や、業種によって取得できるドメイン名に制限があるものとしては次のようなものがあります。

◉居住国によって制限があるドメイン名

ドメイン	居住国
.jp	日本
.uk	英国
.ca	カナダ
.au	オーストラリア
.fr	フランス
.de	ドイツ
.es	スペイン
.ru	ロシア
.cn	中華人民共和国（中国）

第54問

正解B：[1]商標　[2]特許情報プラットフォーム

　ドメイン名に含まれる文字列（例：「sony.co.jp」の「sony」の部分）が他社が所有する商標と同じまたは類似している場合は、商標権を持つ企業に優先権が与えられているため取得したドメイン名を失うこともあります。こうしたトラブルを避けるためにはドメイン名を取得する前に商標の検索ができる特許情報プラットフォームなどを使い商標登録されていないかを確認するべきです。

第55問

正解B：TimesaleDB
　データベースサーバーにはWordPressなどのCMSやショッピングカートなどのサーバーサイドプログラムがデータを格納するためのMySQL、PostgreSQL、Oracleなどのデータベース管理システムがインストールされます。

第56問

正解A：[1]クラウドサーバー　[2]VPS
　クラウドサーバーとは、VPSと同様に仮想サーバーを専有する利用形態で、技術的にはVPSと基本的に変わりません。しかし、VPSは基本的に1台ごとの契約のためメモリ、ディスク容量などのサーバーのスペックを後から変更することに制限がある場合がある一方で、クラウドサーバーは複数のサーバーを自由に構築することができるため、後からサーバーのスペックを変更することができます。

第57問

正解A：[1]サーバー　[2]手元の端末
　サーバーを開設し、DNSの設定をした後は、サーバーにウェブサイトを構成するファイルをアップロードします。アップロードとは手元のコンピュータやスマートフォンなどの端末から、ネットワーク上のサーバーにデータファイルを転送することをいいます。反対にダウンロードとは、ネットワーク上のサーバーから手元の端末にデータファイルを転送して保存することをいいます。

第58問

正解B：ユーザーがサイトを訪問し、問い合わせや申し込みをしようとした際に機会損失を防ぐため。
　ウェブサイトを構成するファイルをアップロードしたら、1つひとつのページが問題なく表示されるかだけでなく、ショッピングカートやお問い合わせフォームなどのプログラムが問題なく動作するかを確認します。
　この作業を怠ると、せっかくユーザーがサイトを訪問して商品やサービスの申し込みや問い合わせをしようとしてもできない状態のため機会損失が発生します。そればかりでなく、そのサイトに悪い印象を持つことになり、二度とそのサイトを見にきてくれなくなり企業のブランド価値が下がる原因にもなります。

第59問

正解C：500 Internal Gateway Error
　HTTPステータスコードとは、ユーザーが使うブラウザからリクエスト（要求）した内容に対してのサーバーからのレスポンス（反応）のことです。HTTPステータスコードの種類には次のようなものがあります。

・400 Bad Request　　　　・403 Forbidden
・404 Not Found　　　　　・408 Request Timeout
・500 Internal Server Error　・502 Bad Gateway
・503 Service Unavailable

第60問

正解B：Googleサーチコンソール

　Googleサーチコンソールとは、Googleがサイト運営者のために提供する無料ツールです。登録することによりGoogleがサイトを見に来てくれるようになるだけでなく、サイト内に技術的な問題がある場合、どのような問題があり、それをどのように解決すべきかを教えてくれる機能があります。

第61問

正解C：Transmission Control ProtocolとInternet Protocol

　TCP/IPは、Transmission Control ProtocolとInternet Protocolの略で、コンピュータ同士が通信を行い情報のやり取りをする際に使われる通信プロトコルのことです。

第62問

正解D:回線事業者は物理的な部分を提供し、ISPはインターネット接続サービスを提供する。

　ISPとは、Internet Service Providerの略でプロバイダーと呼ばれています。ISPは回線事業者から提供された回線を、インターネットに接続するためのサービスを提供しています。国内の代表的なISPにはOCN、BIGLOBE、So-net、@niftyなどがあります。

　回線事業者とプロバイダーは、どちらも同じようなサービスを提供していると思われがちですが、回線事業者は光回線の設備など物理的な部分を提供する企業で、プロバイダーはインターネット接続サービスを提供する企業です。インターネットを利用する上でどちらが欠けてもインターネットを利用することはできません。インターネットを利用するには基本的に両方と契約する必要があります。

第63問

正解A：IXは、各事業者が他のすべての事業者と1箇所の通信施設で相互接続できるようにするための施設である。

　IXとはInternet Exchangeの略で、ISPやコンテンツ事業者などが相互接続するための施設のことをいいます。通常、他の事業者と接続するには相手ごとに通信回線を用意しなければなりませんが、接続先の数に比例して機材や回線にかかる費用が増大していくという問題があります。この負担を軽減するため、1箇所の通信施設に各事業者が自社の回線を接続し、同じように参加している他の事業者すべてと同時に相互接続するという手法が考案されました。このような施設のことをIX（インターネットエクスチェンジ）といいます。

第64問

正解A：Uniform Resource Locator
　ウェブサイトにアクセスするためにはドメイン名を含むURLをブラウザ上で打ち込むか、URLが書かれているリンクをクリックする必要があります。URLとは「Uniform Resource Locator」（ユニフォームリソースロケーター）の略で、ウェブ上に存在するウェブサイトの場所を示すものです。ウェブ上の住所を意味することからウェブアドレス、またはホームページアドレスとも呼ばれます。

第65問

正解A：Internet Message Access Protocol
　IMAP（Internet Message Access Protocol）サーバーもメールの受信に使われるプロトコルです。POP3とは異なり、サーバー上にメールを保持したままメールを操作（読む、削除する、既読にするなど）することが可能です。これにより、複数のデバイスから同じメールアカウントにアクセスしたときにも同じ状態を共有することができます。

第66問

正解B：情報のやり取りをする情報端末で、パソコンやスマートフォンなど。
　クライアントとはパソコンなどの端末のことで、他のパソコンやサーバーと情報のやり取りをする情報端末のことです。ウェブが発達した今日ではパソコンの他にスマートフォン、タブレット、スマートテレビ、ホームスピーカーなどの情報端末もクライアントとして使用されるようになりました。

第67問

正解B：ダイヤルアップ接続
　高速のインターネット接続サービスが提供される前までは、インターネットに接続するには通話用の電話回線をモデムに電話線で接続するダイヤルアップ接続が一般的でした。そのため、1本しか電話回線がない家庭や事業所ではインターネット接続をしているときは電話を利用することができないばかりか、電話料金の請求が高額になることがしばしばあり、気軽にインターネットを利用できる環境ではない状況が続きました。
　その後、Yahoo! BBのADSL回線（非対称デジタル加入者線）や、NTTのフレッツ光などの光回線（光ファイバーを利用してデータを送受信する通信回線）による高速インターネット接続サービスが登場しました。それにより、常時インターネットに接続し、インターネットが使い放題になったため、急速にインターネット人口が増えることになりました。

第68問

正解B：Optical Network Unit
　光回線を使って高速インターネットを利用するには、ルーターの他にも、回線事業者側とユーザーの双方に対になった終端装置が必要です。そのためユーザーは光回線と直接つなぐONU（Optical Network Unit:光回線終端装置）という機器を使う必要があります。

第69問

正解A：Mosaic→Netscape Navigator→Internet Explorer→Mozilla Firefox →Google Chrome

　ブラウザとはウェブブラウザとも呼ばれ、ウェブ上に存在するウェブサイトをパソコンやスマートフォンなどの情報端末で閲覧するためのソフトウェアのことです。最初に流通したブラウザは1993年に誕生した「Mosaic」（モザイク）で、その後、1994年にNetscape Navigator、1995年にInternet Explorer、2004年にMozilla Firefox、2008年にGoogle Chromeというように時代とともに進化をしてきました。

第70問

正解B：ドメイン名は、IPアドレスを人間にとって覚えやすくするために考案された。

　IPアドレスは数字の羅列で覚えることが困難なため、「www.yahoo.co.jp」のようなドメイン名が考案されました。人にとって理解しやすいドメイン名をIPアドレスと対応付けし、覚えやすくしています。IPアドレスとドメイン名は常に一対一に対応している必要はなく、1つのIPアドレスに複数のドメイン名が紐付けられていることもあります。

第71問

正解D：[1]ICANN　[2]JPRS

　ICANN（The Internet Corporation for Assigned Names and Numbers）がドメイン名を世界的に管理しています。国別ドメイン名は、ICANNから委任された各国の「レジストリ」と呼ばれる組織が管理しています。日本では、JPRS（株式会社日本レジストリサービス）がJPドメイン名を管理する国内唯一のレジストリです。

　レジストリとは別に、ドメイン名の登録を受け付ける業者を「レジストラ」と呼びます。レジストラは、ドメイン名登録申請を受け付け、ドメイン情報をレジストリのデータベースに直接登録します。

第72問

正解B：W3C

　W3C（World Wide Web Consortium）という非営利の標準化団体がウェブで用いられる各種技術の標準化を推進しています。

第73問

正解D：パソコン通信は基本的に他のネットワークとの接続ができないため、一部のユーザーのみが利用していた。

　パソコン通信の開設当初は一定のユーザー数がいましたが、基本的に他のネットワークとは接続ができないという閉鎖性により大きく発展することはなく一部のパソコンに精通したユーザーが使うだけに留まりました。

第74問

正解D：[1]JavaScript　[2]Joint Photographic Experts Group

　ウェブブラウザ上で動作するプログラミング言語であるJavaScriptの仕様策定はECMA Internationalという会議が、写真などの画像ファイルのJPEGはJoint Photographic Experts Groupという会議が管理しています。こうしたどの企業にもどの国家にも属さない中立的な標準化団体によりウェブの標準化が実現し、ウェブの発展に大きく貢献することになりました。

第75問

正解C：ウェブは一般ユーザーも情報を発信できるユーザー参加型である。

　ウェブが発展した要因の1つはユーザー参加型であるという性質です。従来の新聞、雑誌、テレビなどのマスメディアは基本的に企業が一方的に読者や視聴者に情報を発信するものでしたが、ウェブでは一般ユーザーが自分の意見や質問などを投稿しやすい仕組みを持っていました。

第76問

正解B：利用者同士のコミュニケーション

　Facebook、Twitter、Instagram、LINEなどのことをソーシャルメディアと呼んだり、SNSと呼ぶことがありますが、厳密にはそれらのサービスは利用者同士のコミュニケーションが主軸となっているサービスなのでSNSだといえます。

第77問

正解A：Hotmailの事例

　ネットワーク効果が生まれた有名な事例としては無料電子メールのHotmailの事例です。Hotmailを利用するユーザーからメールを受け取ったユーザーは、メール本文の末尾に表示される「PS: I love you. Get your free e-mail at Hotmail」（追伸：アイ・ラブ・ユー。Hotmailで無料メールアカウントを開設しよう。）という1文がメールの署名欄のところにHotmailのウェブサイトへのリンクと一緒に表示されていました。この短いメッセージを通じて、Hotmailは急成長を遂げ、後のマイクロソフトへの売却時点では累計850万人以上が登録していたといわれています。

第78問

正解A：無数の企業と個人

　ウェブに存在する各種サービスは商業的にも成功し、無数の企業と個人に大きな事業機会を提供する地球規模の巨大ネットワークへと発展しました。

第79問

正解A：[1]ソーシャルメディア　[2]ユーザー　[3]コミュニケーション

　　ウェブ1.0の後に、ウェブ2.0という概念が生まれました。それはソーシャルメディアを使うことでそれまで受け身であったユーザーが情報を発信できる機会を提供しました。さらにはユーザー同士での自由なコミュニケーションが可能になり重要なコミュニケーション手段へと成長しました。

第80問

正解C：ウェブ3.0はブロックチェーン技術を使った分散型のウェブで、情報は各ユーザーに分散して管理される。

　　ウェブはさらに発展し、ウェブ3.0（ウェブスリー）へと進化するといわれています。ウェブ3.0は、巨大プラットフォーム企業が提供するサービスに依存することのないブロックチェーン技術（情報をプラットフォーム企業に蓄積するのではなく、各ユーザーに分散して管理する仕組み）を使った分散型のウェブであるといわれています。これからもウェブはこうした進化を遂げ多くの企業に事業機会を与え、個人には成長のチャンスと豊かな未来を与えるものであり続けることでしょう。

AJSA 一般社団法人 全日本SEO協会 All Japan SEO Association

（　　）検定（　）級　試験解答用紙

フリガナ

氏名

【試験時間】60分　【合格基準】得点率80%以上

【注意事項】
1、受験する検定名と、級の数字を（　）内に入れて下さい。
2、氏名とフリガナを記入して下さい。
3、解答欄から答えを一つ選び黒く塗りつぶして下さい。
4、訂正は消しゴムで消してから正しい番号を記入して下さい。
5、携帯電話、タブレット、PC、その他デジタル機器の使用、書籍類、紙等の使用は一切禁止です。試験前に必ず電源を切って下さい。
6、試験中不適切な行為がある試験官が判断した場合は退席して頂きます。その場合試験は終了になります。
7、解答が終わったらいつでも退席出来ます。8、退席する時は試験官に解答用紙と問題用紙を渡して下さい。
8、解答が終わる迄途中退席は出来ません。退席する場合は試験官に解答用紙と問題用紙を渡して下さい。
9、解答用紙を試験官に渡したらその後試験の継続は出来ません。10、同日開催される他の試験を受験する方は開始時刻の10分前までに試験会場に戻って下さい。【合否発表】合否通知は試験日より14日以内に郵送します。合格者には同時に認定証も郵送します。

	解答欄		解答欄		解答欄		解答欄		解答欄		解答欄
1	A B C D	15	A B C D	29	A B C D	43	A B C D	57	A B C D	71	A B C D
2	A B C D	16	A B C D	30	A B C D	44	A B C D	58	A B C D	72	A B C D
3	A B C D	17	A B C D	31	A B C D	45	A B C D	59	A B C D	73	A B C D
4	A B C D	18	A B C D	32	A B C D	46	A B C D	60	A B C D	74	A B C D
5	A B C D	19	A B C D	33	A B C D	47	A B C D	61	A B C D	75	A B C D
6	A B C D	20	A B C D	34	A B C D	48	A B C D	62	A B C D	76	A B C D
7	A B C D	21	A B C D	35	A B C D	49	A B C D	63	A B C D	77	A B C D
8	A B C D	22	A B C D	36	A B C D	50	A B C D	64	A B C D	78	A B C D
9	A B C D	23	A B C D	37	A B C D	51	A B C D	65	A B C D	79	A B C D
10	A B C D	24	A B C D	38	A B C D	52	A B C D	66	A B C D	80	A B C D
11	A B C D	25	A B C D	39	A B C D	53	A B C D	67	A B C D		
12	A B C D	26	A B C D	40	A B C D	54	A B C D	68	A B C D		
13	A B C D	27	A B C D	41	A B C D	55	A B C D	69	A B C D		
14	A B C D	28	A B C D	42	A B C D	56	A B C D	70	A B C D		

■編者紹介

一般社団法人全日本SEO協会

2008年SEOの知識の普及とSEOコンサルタントを養成する目的で設立。会員数は600社を超え、認定SEOコンサルタント270名超を養成。東京、大阪、名古屋、福岡など、全国各地でSEOセミナーを開催。さらにSEOの知識を広めるために「SEO for everyone! SEO技術を一人ひとりの手に」という新しいスローガンを立てSEOの検定資格制度を2017年3月から開始。同年に特定非営利活動法人全国検定振興機構に加盟。

●テキスト編集委員会

【監修】古川利博／東京理科大学工学部情報工学科　教授
【執筆】鈴木将司／一般社団法人全日本SEO協会　代表理事
【特許・人工知能研究】郡司武／一般社団法人全日本SEO協会　特別研究員
【モバイル・システム研究】中村義和／アロマネット株式会社　代表取締役社長
【構造化データ研究】大谷将大／一般社団法人全日本SEO協会　特別研究員
【システム開発研究】和栗実／エムディーピー株式会社　代表取締役
【DXブランディング研究】春山瑞恵／DXブランディングデザイナー
【法務研究】吉田泰郎／吉田泰郎法律事務所　弁護士

編集担当 ： 吉成明久 / カバーデザイン ： 秋田勘助（オフィス・エドモント）

ウェブマスター検定 公式問題集 4級
2024・2025年版

2023年10月20日　初版発行

編　者	一般社団法人全日本SEO協会
発行者	池田武人
発行所	株式会社　シーアンドアール研究所
	新潟県新潟市北区西名目所4083-6（〒950-3122）
	電話　025-259-4293　FAX　025-258-2801
印刷所	株式会社　ルナテック

ISBN978-4-86354-428-4 C3055
©All Japan SEO Association, 2023　　　　　　　　Printed in Japan